国家自然科学基金青年科学基金项目(52206185)
江苏省自然科学基金青年基金项目(BK20210509)
中国博士后科学基金面上资助项目(2023M731490)

微型辐射燃烧器内耦合传热特性及旋流火焰稳定性研究

杨　霄/著

中国矿业大学出版社
·徐州·

内容提要

本书围绕微型辐射燃烧器内耦合传热特性及旋流火焰稳定性展开研究，通过建立微型辐射燃烧器耦合传热数值计算模型，从传热的角度出发，厘清了微型辐射燃烧器内耦合传热规律，并对微型辐射燃烧器传热性能进行研究；设计了一种旋流式微型辐射燃烧器，对其内旋流火焰燃烧特性及火焰稳定性展开研究，并从燃烧模式和结构参数两个方面对旋流式微型辐射燃烧器传热性能进行优化，为基于燃烧的微型动力系统的热端部件设计和优化提供了理论支撑。

本书可供能源科学技术、热能工程、动力机械工程等领域的研究人员、工程技术人员和普通高等学校相关专业师生阅读和参考。

图书在版编目(CIP)数据

微型辐射燃烧器内耦合传热特性及旋流火焰稳定性研究 / 杨霄著. — 徐州 ：中国矿业大学出版社，2024. 10. — ISBN 978-7-5646-6343-8

Ⅰ. TQ052.7；TQ038.1

中国国家版本馆 CIP 数据核字第 2024ZP8962 号

书　　名　微型辐射燃烧器内耦合传热特性及旋流火焰稳定性研究
著　　者　杨　霄
责任编辑　黄本斌
出版发行　中国矿业大学出版社有限责任公司
（江苏省徐州市解放南路　邮编 221008）
营销热线　(0516)83885370　83884103
出版服务　(0516)83995789　83884920
网　　址　http://www.cumtp.com　**E-mail**：cumtpvip@cumtp.com
印　　刷　苏州市古得堡数码印刷有限公司
开　　本　787 mm×1092 mm　1/16　**印张** 11　**字数** 203 千字
版次印次　2024 年 10 月第 1 版　2024 年 10 月第 1 次印刷
定　　价　48.00 元
（图书出现印装质量问题，本社负责调换）

前　言

在微机电系统的发展过程中，其供能部件能量密度低、质量大和供能时间短等短板问题越发突出，限制了电子设备和机械产品的微型化与便携化。而基于碳氢燃料燃烧的微型热光电系统具备能量密度高、体积小、质量轻和供能时间长且稳定等显著优势，是一种应用前景较好的微型动力系统。微型热光电系统的工作原理是利用光电元件将微型燃烧器的高温壁面辐射能量转换为电能，但目前微型热光电系统的能量转换效率偏低。为了提高微型热光电系统的能量转换效率，在微型燃烧器设计过程中，通常需要尽可能提高微型燃烧器的壁面温度水平及壁面温度均匀性，同时保证微型燃烧器内燃料稳定燃烧。因此，微型燃烧器内传热与燃烧竞争机制及协同优化设计是一关键科学问题。

本书以应用于微型热光电系统中的微型辐射燃烧器为研究对象，通过数值模拟方法对微型辐射燃烧器内耦合传热及火焰稳定性展开研究，旨在提高微型辐射燃烧器的传热性能及火焰稳定性。本书主要研究内容包括微型辐射燃烧器内传热特性分析及传热性能强化研究、微型辐射燃烧器内旋流火焰稳定性分析、旋流式微型辐射燃烧器传热性能分析等。本书取得的主要研究成果如下：

(1) 建立微型辐射燃烧器内耦合传热数值模型，针对数值模拟过程中辐射换热计算难度较大的问题，评估灰气体加权和模型的两种处理方法以及不同的灰气体加权和模型参数对辐射换热计算可靠性的影响，为实际应用提供理论依据，同时搭建微尺度燃烧实验台，将数值模拟计算结果与实验数据进行对比，验证数值模型的准确性。

(2) 从传热的角度出发，厘清微型辐射燃烧器内耦合传热规律，并对燃烧器传热性能进行研究。首先，对不同尺寸微型辐射燃烧器内的耦合传热特性进行研究，分析内、外壁面的热流分布情况，并着重考察热辐射作用对火焰结构及壁面温度分布的影响。其次，为提高微型辐射燃烧器的传热性能，设计一种缩放通道结构，分析不同入口速度及固体壁面材料(石英、不锈钢、碳化硅)对缩放通道结构强化传热性能的影响规律，揭示缩放通道结构的强化传热机理。最后，对缩放通道的喉部位置及喉部直径的影响进行分析，获得缩放通道结构参数的影响规律。

（3）基于旋流稳燃的概念，设计一种旋流式微型辐射燃烧器，对其内旋流火焰燃烧特性及火焰稳定性展开研究。考察入口速度、当量比及壁面材料对火焰燃烧特性的影响，揭示旋流式微型辐射燃烧器内火焰锚定机制，发现旋流式微型辐射燃烧器内的角落回流区用于增强预热效果，中心回流区用于锚定火焰，从而提升火焰的稳定性。此外，获得燃烧器在不同旋流器叶片角度下氢气贫燃时的可燃极限与吹熄极限，并揭示不同叶片角度下的火焰锚定与吹熄机制。

（4）从燃烧模式和结构参数两个方面对旋流式微型辐射燃烧器传热性能的影响展开研究。对比分析旋流式微型辐射燃烧器在不同入口流速及当量比下的氢气-空气预混燃烧和非预混燃烧时的辐射壁面传热性能差异，为不同入口条件下的预混和非预混燃烧模式的选择提供参考；另外，针对旋流式微型辐射燃烧器内对回流区特征影响较大的结构参数进行分析，获得不同结构参数对燃烧器传热性能的影响规律，提高燃烧器的传热性能。

本书主要得到了国家自然科学基金青年科学基金项目（52206185）、江苏省自然科学基金青年基金项目（BK20210509）以及中国博士后科学基金面上资助项目（2023M731490）的资助，在此表示感谢！

由于作者水平有限，书中难免存在不足之处，敬请读者批评指正。

作　者

2024 年 3 月

目　　录

第1章　绪　论

1.1　研究背景和意义

伴随着微加工制造技术的快速发展与广泛应用，电子设备和机械产品的研发正在朝微型化与便携化的发展方向全面演进。目前，已经有越来越多的微机电系统(MEMS，micro-electro-mechanical system)被研发并应用，例如微型飞行器、微型卫星推进器和微型机器人等，这些 MEMS 不仅改善了人类的生产生活方式，同时也在一定程度上推动现代经济社会的发展与进步。但是，在 MEMS 的研发过程中存在的供能部件短板越发突出，限制了相关技术的发展和应用。当前，MEMS 主要依靠化学电池提供动力输出，存在以下弊端：一方面，化学电池能量密度较低，导致整个系统的质量和体积较为庞大，严重制约电子机械设备的微型化，例如美国国防部高级研究计划局曾推出的“微星”飞行器的总质量为 100 g，机身仅占 7 g，而电池及推进装置却达到了 65 g，即其动力系统质量占总质量的 60%以上[1]；另一方面，对于需要稳定且持久能量供应的 MEMS，化学电池尚不能满足此需求，例如微型空间飞行器或微型卫星往往需要高效且持久的推力保持空间相对位置，或者需要瞬时高能量输出的推力实现变轨或姿态调整等[2]，而化学电池则很难满足上述需求。基于此，相关领域亟须研发能量密度大、体积小、质量轻、输出功率稳定、工作时间长且可靠的便携式微型动力系统，以满足 MEMS 的现实发展需求。如图 1-1 所示，与其他动力源相比，碳氢燃料能量密度较高，并且供能时间较为持久，这为开发基于燃烧的微型动力系统提供了较好的思路和较强的可行性。

图 1-1 给出了不同燃料及电池的能量密度，其中燃料的能量密度是在标准状态下[298 K，1 atm(1 atm＝101.3 kPa)]假定完全燃烧时的状况计算的[3]。从图 1-1 可以看出，碳氢燃料能量密度很高，其中氢气和甲烷的能量密度分别达

到 142.0 MJ/kg 和 55.5 MJ/kg。而锂离子电池和锂硫电池能量密度仅为 0.47 MJ/kg 和 0.79 MJ/kg。在能量密度方面,碳氢燃料远高于化学电池,即使在系统转化率很低的情况下,仍然可以实现比传统化学电池更高的能量密度。另外,化学电池在动力供应的持久性和稳定性方面受到限制,其电压会随着运行时间的增加而明显下降,但是基于碳氢燃料燃烧的微型动力系统可维持长时间稳定的动力输出。此外,化学电池可能引发严重环境污染,而碳氢燃料的燃烧对环境造成的污染较少,不存在化学污染。因此,开展基于碳氢燃料燃烧的微型动力系统研究以及与其紧密相关的微尺度燃烧基础研究,在军事及民用等领域都存在重要意义。

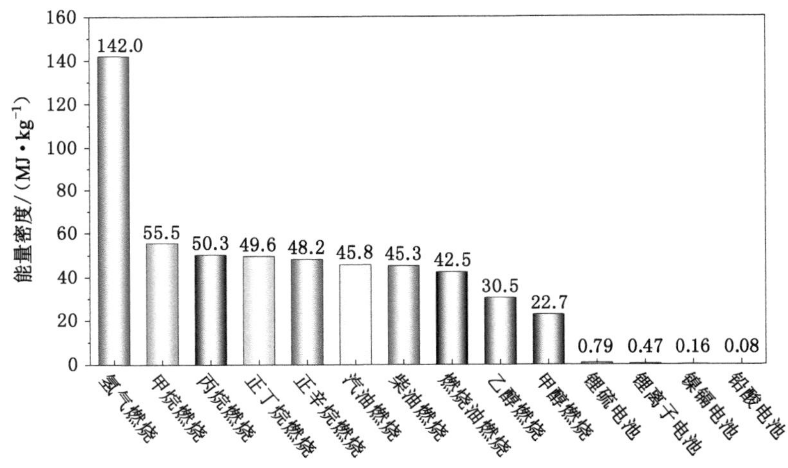

图 1-1　不同燃料及电池的能量密度

微型燃烧器作为为微型动力系统提供热源的核心部件,其内的燃烧与传热过程也是决定微型动力系统性能的关键因素。通常,微型燃烧器的特征尺寸为毫米级。目前常用的基于燃烧的微型动力系统中以微型燃烧器为核心的能量利用路径如图 1-2 所示。在微型热电系统或微型热光电系统中,燃料在微型燃烧器内完成燃烧过程,将释放的热量通过壁面传递给热电或热光电材料,实现热能向电能的转化。此外,燃烧释放的热量还能够推动微型反应器完成重整制氢,使热能转化为化学能。另外,高温燃烧产物也可以驱动涡轮做功或流经喷管后转化成推力,使热能转化为机械能,即微型热机系统或微型推进装置。因此,对微型燃烧器内燃烧释放热量的有效利用及微尺度燃烧相关的基础研究,是进一步推进微型动力系统性能提升和广泛应用的前提。

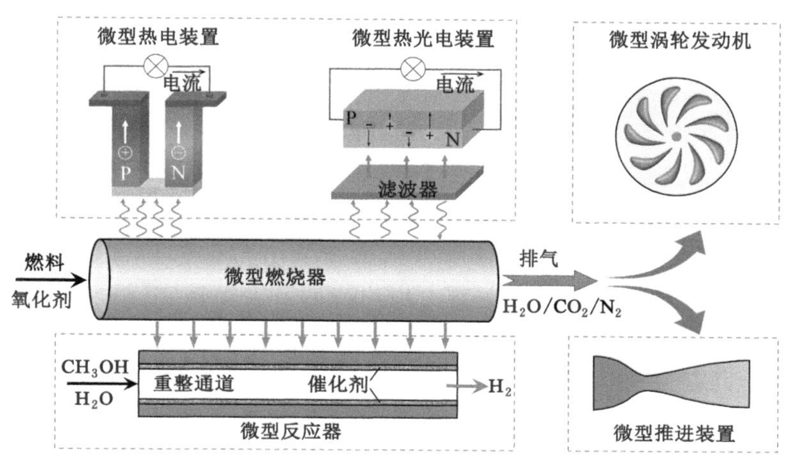

图 1-2 微尺度燃烧释放热能的主要利用路径

本书是以应用于微型热光电系统中的微型燃烧器为研究对象，能量的利用主要以微型燃烧器的高温壁面辐射能量为主，鉴于其独特的能量利用特点，本书将应用于微型热光电系统中的微型燃烧器命名为微型辐射燃烧器。

燃料在微型辐射燃烧器内的燃烧过程与常规燃烧过程不同，主要因为微尺度条件下混合、点火以及稳燃过程相对比较复杂，给微尺度燃烧带来了诸多挑战，主要体现在如下3个方面：① 微型辐射燃烧器的几何尺寸较小，导致化学反应组分停留时间较短。由于微型辐射燃烧器几何尺寸通常是毫米级，导致燃料及反应产物停留时间较短[4]，为0.1～0.5 ms，这与碳氢燃料-空气燃烧的化学反应时间（约0.1 ms）处于同一量级。这种情况容易诱发不完全燃烧，使化学热损失增多，进而降低了燃烧效率，同时微型辐射燃烧器的可燃范围也将变小。② 较大面体比导致散热损失大，容易诱发熄火现象。通常，常规尺度的燃烧器壁面热损失较小，可忽略不计。但当其尺寸进一步缩小，燃烧器的面体比变大，散热损失也增大[5]。较大的热损失不仅会降低火焰温度、减缓化学反应速率，而且也容易诱发熄火。另外，当燃烧器当量直径很小时，化学反应自由基与壁面碰撞或吸附会导致熄火，即自由基熄火[6]。③ 微通道内容易形成不稳定火焰，例如倾斜火焰、反复熄燃火焰[7-10]。微通道内火焰刚性较差，而且火焰形态容易受到外界环境变化的影响，从而产生倾斜或者震荡等不稳定火焰。因此，微尺度条件下火焰形态及燃烧特性更加复杂，火焰稳定性较差。

综上所述，基于燃烧的微型动力系统可以在较长时间内提供稳定的功率输出，并且同时具备体积小和能量密度高的显著优势，是一种应用前景较好的便携式供能系统。但是，微型辐射燃烧器尺寸小、面体比大，在这种物理约束条件下，微型辐射燃烧器内的燃烧和传热是竞争关系，互相制约。微型辐射燃烧器壁面通常处于高温状态，壁面的辐射温度越高，应用于微型热光电系统时的效率越大；但是高温壁面带来的高热损失会对燃烧器内火焰稳定性产生不利影响。因此，涉及一个共性基础科学问题：微型辐射燃烧器内传热与燃烧竞争机制及协同优化设计。目前在微尺度燃烧条件下稳定高效的燃烧器技术尚未成熟，因此针对微型辐射燃烧器内传热特性及火焰稳定性进行相关理论研究具有重要意义：一方面，相关研究将为微型辐射燃烧器的设计与改进提供支持，可以为其在微型动力系统中的应用提供重要理论依据和关键技术支撑；另一方面，有利于进一步认识微尺度燃烧现象，完善微尺度条件下稳定燃烧相关理论。

1.2 国内外研究现状

1.2.1 基于燃烧的微型动力系统研究现状

从 20 世纪末开始，基于燃烧的微型动力系统吸引了国内外学者的广泛关注。目前，常用的微型动力系统有微型热机系统、微型热电系统、微型热光电系统以及微型推进器等。基于燃烧的微型动力系统根据能量转换方式不同主要分为两类：一类是微型热电/热光电系统，其原理是利用热电或者热光电效应使燃烧所产生的热能转换为电能；另一类是微型热机系统，其原理是通过微型燃气轮机或微型发动机使燃烧所产生的热能转换为机械能为装置提供动力，或是进一步把产生的机械能转换为电能使用。

1.2.1.1 微型热机系统

微型热机系统主要有微型燃气轮机和微型发动机，该类型的动力系统主要是把燃料燃烧产生的热能转换为机械能来提供动力，或者进一步把产生的机械能转换为电能使用。1997 年，麻省理工学院的 Epstein 等[11-12]提出一种基于 MEMS 的微型燃气轮机，其结构如图 1-3 所示。该装置使用氢气作为燃料，当氢气流量为 10 g/h 时输出功率可达 10～20 W。Mehra 等[13]基于该微型燃气轮机，设计制造了一种三层硅片微型燃烧室，并对其性能进行实验测试。燃烧室体积为 66 mm^3，实验测试中空气流量为 0.045 0 g/s、氢气流量为 0.001 3 g/s(当量比为 1.0)时的燃烧室排气温度约为 1 800 K，燃烧效率约为 40%；随着当量比的减小，排气温度降低，燃烧效率增加；当量比降为 0.5 时，排气温度约为 1 300 K，燃烧效率约为 55%。随后 Mehra 等[14]又进一步开发设计了六层硅片微型燃气轮机，其中燃烧室体积为 195 mm^3，并且具有回热循环系统。当该装置以氢气为燃料时，和上述的三层硅片微型燃烧室相比，燃烧效率提高了 15%～50%。此外，还利用该燃烧室测试了碳氢燃料乙烯和丙烷的燃烧特性，发现当使用乙烯作为燃料时，其燃烧效率仅为 60%～80%，并且最大能量密度也降为 500 MW/m^3；当使用丙烷作为燃料时，由于丙烷的反应速率远低于乙烯的反应速率，因此丙烷-空气只能在能量密度约为 140 MW/m^3 的情况下稳定燃烧。Spadaccini 等[4]在上述六层硅片微型燃烧室的基础上开发设计了一种双区型燃烧室，即将入口空气引入燃烧室形成稀释空气流。该类型燃烧室改善了燃烧回流区，增强了火焰稳定性，从而扩大了燃料的稳燃极限，同时该燃烧室也极大地提高了能量密度。为了进一步提高碳氢燃料的燃烧效率及稳定性，Spadaccini 等[15-16]将镀铂的泡沫镍插入微型燃烧室内实现了碳氢燃料的催化燃烧。实验发现，在三层硅片微型燃烧室内发生的催化燃烧使乙烯与丙烷的燃烧效率均高于 40%[15]。而在六层硅片微型燃烧室内发生的丙烷催化燃烧功率密度可以达到 1 200 MW/m^3，是丙烷未催化燃烧时功率密度的 8.5 倍。

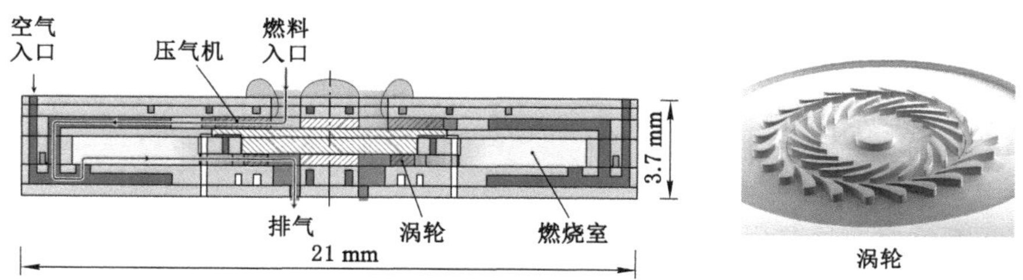

图 1-3　微型燃气轮机系统示意图[12-14]

日本 IHI 公司的 Isomura 等[17-18]和日本东北大学的 Tanaka 等人[19-20]基于布雷顿循环设计制造了一台微型燃气轮机，其外形尺寸的长度为 15 cm，直径为 10 cm，构造如图 1-4 所示[21]。该微型燃气轮机的主要部件包括环形燃烧室、永磁电机、同轴压气机(直径为 16 mm)、涡轮(直径为 17.4 mm)等。该设备以氢气为燃料，当燃烧室温度为 800～900 ℃时，转子转速高达 36 000 r/min。

法国国家航空航天研究院的 Dessornes 等[22]设计制造了一台直径为

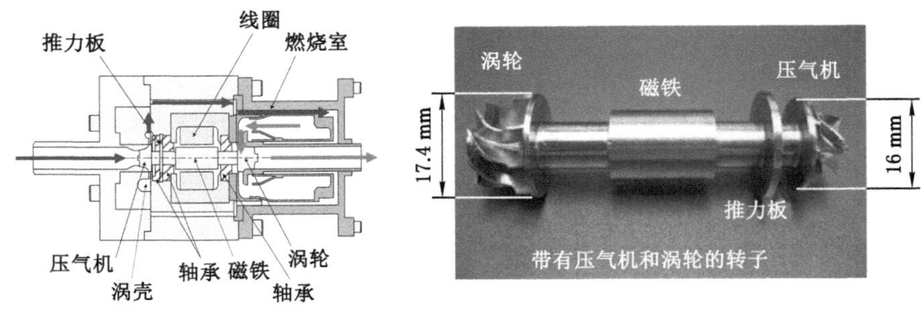

图 1-4　日本研制的微型燃气轮机示意图[21]

22 mm、高度为 32 mm 的微型燃气轮机。该微型燃气轮机以氢气或气态丙烷为燃料，输出功率为 50 W，系统效率为 5%～10%，此时比能量高达 300～600 Wh/kg。实验显示，当发电机转速高达 700 000 r/min 时，对应的机械能/电能转换效率约为 93%。徐进良等[23]和 Cao 等[24]开发了一种基于氢气燃烧的涡轮发电设备，并分别测试了其冷态及热态特性。该装置工作的最高转速为 62 000 r/min，总输出功率约 1.35 W，对应的系统效率在 1.12%左右。

另一类常见的微型热机系统主要是微型转子或摆动发动机。加州大学伯克利分校的 Fu 等[25]提出的一种基于奥托循环的微型转子发动机，如图 1-5(a)所示[25]。该团队设计了一系列不同转子直径(1.0 mm、2.4 mm、10.0 mm 及 12.9 mm)的微型转子发动机，满足不同的功率输出需求。该团队以 12.9 mm 的微型转子发动机(排量为 348 mm^3)为实验对象，以氢气为燃料，空气为氧化剂，在转子转速为 9 300 r/min 时获得净输出功率 3.7 W[26]，但是系统效率低于 0.5%，主要原因是存在泄漏问题。Sprague 等[27]进一步扩大微型转子发动机的排量至 1 500 mm^3，燃料采用甲醇、硝基甲烷等混合液体燃料，该发动机的最大输出功率约为 33 W，系统效率为 3.9%。英国伯明翰大学的 Lee 等[28]基于奥托循环设计制造了一个长度、宽度、厚度分别为 15.0 mm、12.2 mm、3.0 mm 的微型转子发动机，如图 1-5(b)所示[28]。该发动机的排量和压缩比分别为 63.5 mm^3 和 7.2，其实际转速在 2 500～18 000 r/min 之间，当它以 17 000 r/min 运转时，其指示功率为 12 W。北京工业大学的钟晓晖等[29]开发了一台质量约为 300 g 的微型转子发动机，发动机工作转速为 7 800 r/min 时，输出功率可为 220 W。

美国密歇根大学的 Dahm 等[30]和 Gu 等[31]提出了一种微型摆式发动机，如图 1-6 所示[31]。微型摆式发动机利用中心摆臂将空腔分成四个气缸，燃料在气

(a)

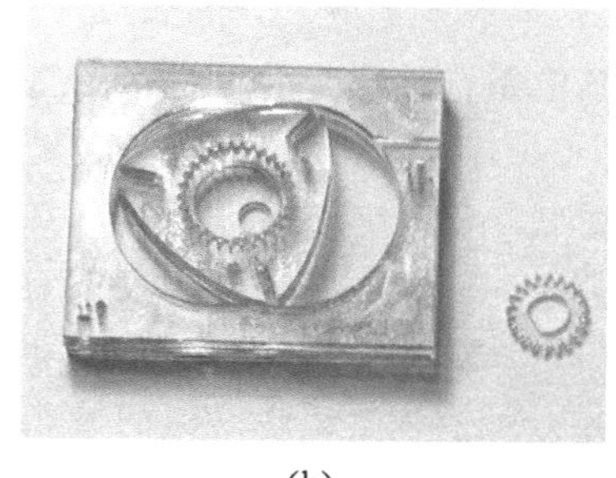
(b)

图 1-5 微型转子发动机示意图[25,28]

缸内燃烧做功，从而推动中心摆臂在气缸内往复摆动，此时将摆臂与发电机相连，即可输出电能。微型摆式发动机可以采用二冲程或四冲程的方式进行运转，二冲程运转时可以实现更高的功率密度，而四冲程运转时可以实现更高的系统效率。Gu 等[31]采用数值模拟的手段研究了微型摆式发动机气缸内的燃烧过程，发现摆臂的运动过程会增加气缸内的湍流度，减少燃烧时间，最终有利于提升发动机运行性能。Shi 等[32]综合分析了尺寸效应、燃烧速率、泄漏、摩擦和散热等因素对微型摆式发动机性能的影响。Zhou 等[33]研究发现微型摆式发动机尺寸越小，间隙高度引起的泄漏导致的发动机性能降低的幅度越大。由张志广等[34]开发的一种微型摆式发动机，利用添加回热器的方法提升了系统效率，从而使整机效率由 9.91%提高至 11.30%。

图 1-6 微型摆式发动机示意图[31]

1.2.1.2 微型热电系统

微型热电系统是通过热电材料的塞贝克效应使热能转换为电能的一种微型动力装置。2001 年，Schaevitz 等[35]基于催化燃烧设计制造了应用于 MEMS 的微型热电系统，其稳定工作温度为 500 ℃，输出电压为 7 V，系统效率仅为 0.02%。Vican 等[36]研制了以微型瑞士卷燃烧器为热源的微型热电系统，如图 1-7(a)所示，当电阻为 6 Ω 时，其最大输出功率为 50 mW，此时的效率为 0.44%～0.57%。该系统中采用的微型瑞士卷燃烧器具有较好的回热特性，可以保证燃料在较宽的化学当量比范围内稳定燃烧。Federici 等[37]和 Karim 等[38]开发了一种耦合催化燃烧器的微型热电系统，支持多种燃料，包括氢气、丙烷、甲醇等。实验结果表明以氢气为燃料时，该系统的系统效率约为 0.8%；以甲醇为燃料时，最大输出功率为 0.65 W，最大系统效率约为 1.1%。Yoshida 等[39]将两个热电模块安装在微型燃烧器两侧，产生了 0.184 W 的功率，此时的系统效率约为 2.8%。Merotto 等[40]和 Fanciulli 等[41]开发了一种以丙烷为燃料的微型热电系统，当燃烧室体积为 40 mm×40 mm×4 mm 时，系统效率可达 2.85%[40]；但是当燃烧室体积减小为 16 mm×16 mm×4 mm 时，系统效率仅为 1.44%[41]。Shimokuri 等[42]研制了一种基于涡旋燃烧器的微型热电系统，它可以在系统效率为 3.01%时输出功率为 18.1 W。Jiang 等[43]也设计了一种基于平板燃烧器的微型热电系统，如图 1-7(b)所示，它以二甲醚为燃料，使用水冷热电模块，在化学当量比和输入功率固定为 0.7 和 150 W 的情况下输出功率可以达到2.0 W，总的系统效率约为 1.25%。浙江大学的张永生等[44]通过实验研究了一种基于氢气燃烧的微型热电系统，获得了 0.368 W 的输出功率，系统效率为1.052%。Wang 等[45]开发了一种基于丙烷掺混氢气燃烧的微型热电系统，并通过实验测得在燃料输入功率为 109 W 时，可以获得 3.64 W 的输出功率，此时系统效率为 3.34%。Gao 等[46]和 Li 等[47-48]设计并通过实验测试了一种由中尺度燃烧室提供热源的热电系统，通过对燃烧器以及换热器的结构优化设计，最终实现了 30.7 W 的输出功率，系统效率为 3.21%。

印度理工学院的 Yadav 等[49-50]设计了基于三阶渐扩回热式燃烧器的微型热电系统。在实验过程中，燃烧器以丙烷为燃料，当燃料流量为 3.98 g/h 时，该系统的最大输出功率为 2.35 W，此时的最大能量转换效率为 4.58%[49]。随后，以液化石油气作为燃料，研究了燃烧器周围安装热电模块数量对热电转换的影响。结果发现，当分别采用两个和四个热电转换模块时，系统的最大输出功率分别为 1.56 W 和 2.35 W，对应的能量转换效率分别为 2.56%和 4.6%[50]。随

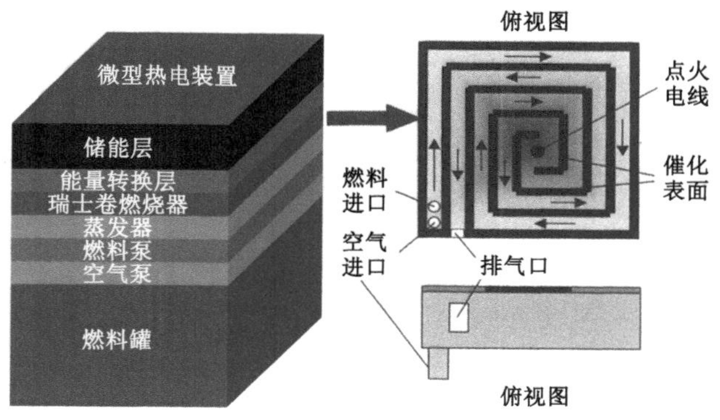

(a) 基于微型瑞士卷燃烧器[36]

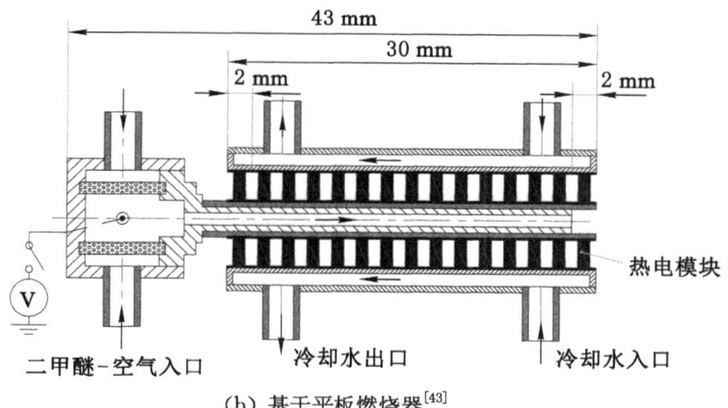

(b) 基于平板燃烧器[43]

图 1-7 微型热电系统示意图

后，该团队的 Aravind 等[51]提出并通过实验研究了集成平板的单燃烧室的微型热电系统，如图 1-8(a)所示。该系统采用两个热电模块，当以液化石油气为燃料运行时，获得了 2.54 W 的最大输出功率，此时的最大能量转换效率为 3.3%。当在燃烧器中插入多孔介质时获得了 3.89 W 的最大输出功率，此时的最大能量转换效率为 4.03%，系统的功率密度高达 0.12 mW/mm^3。基于上述微型热电系统，Aravind 等人又提出了双燃烧室[52-53]和三燃烧室[54]的微型热电系统，如图 1-8(b)、(c)所示。当液化石油气-空气混合物当量比设置在 0.9，且入口速度设置在 10 m/s 时，基于双燃烧室的微型热电系统在系统效率为 4.66%的情况下输出功率为 4.52 W。相同的入口条件下，基于三燃烧室的微型热电系统在系统效率为 5.09%的情况下输出功率为 4.9 W。此外，Aravind 等[55]还开发了一种基于多孔板燃烧器的紧凑式微型热电系统，提供了 21.2 W 的输出功率，转换效率为 3.01%。

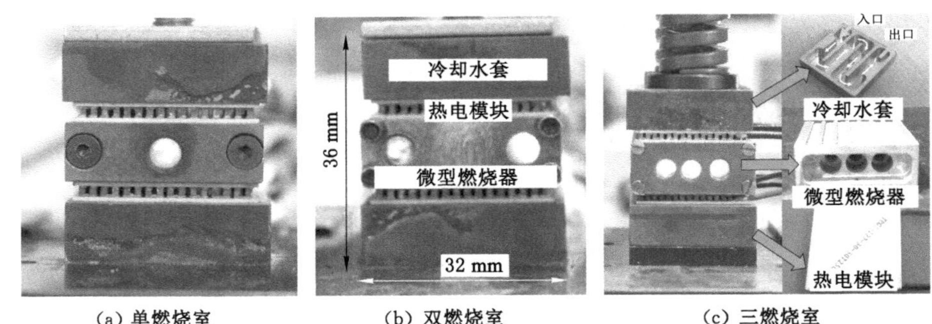

(a) 单燃烧室　　(b) 双燃烧室　　(c) 三燃烧室

图 1-8　Aravind 等人研制的微型热电系统示意图[51-54]

1.2.1.3　微型热光电系统

不同于微型热电系统，微型热光电系统是利用光电池材料的光电效应将热能转化为电能的微型动力装置。2002 年，新加坡国立大学的 Yang 团队提出了一种基于碳氢燃料燃烧的微型热光电系统[56-57]，在容积为 0.113 cm^3 的碳化硅辐射燃烧器表面安装 Co、Ni 掺杂 MgO 选择性发射器及 GaSb 型光电池，该系统的理论最大输出功率高达 4.4 W，效率为 3.48%。随后，该团队加工制造了一台微型热光电系统样机[58]，如图 1-9(a) 所示。实验测量发现，在体积为 0.113 cm^3 的燃烧室中，当氢气的流速为 4.20 g/h 且当量比为 0.9 时，该系统的输出功率为 0.92 W，对应的开路电压和电流分别为 2.32 V 和 0.52 A。当采用 GaInAsSb 光电池代替 GaSb 光电池，该系统的输出功率可提高至 1.45 W。同时，该团队将碳化硅辐射燃烧器、GaSb 光电池和 9 层介质滤波器封装整合成微型热光电系统[59]，该系统的总体积约为 3.1 cm^3，实验获得了 3.06 W 的输出功率，对应的功率密度约为 1 W/cm^3。此外，该团队还开发了微型模块化热光电系统[60-61]，该模块化微型热光电系统采用矩形燃烧室，与采用圆柱形燃料室的微型热光电系统相比，平面结构易于制造，并且该系统还可以根据输出功率的需求组装所需微型热光电单元。另外，该团队的 Jiang 等[62-63] 设计了应用于微型热光电系统的滤波器和选择性发射器，该装置通过对辐射和吸收波长的有效调控，显著增大了微型热光电系统转换效率，输出功率约为 4.45 W，系统效率可达 6.59%[64]。

江苏大学的潘剑锋等[65-66] 从 2004 年开始针对微型热光电系统进行了大量研究，并且加工制造了微型热光电系统的实验样机，如图 1-9(b) 所示。实验测

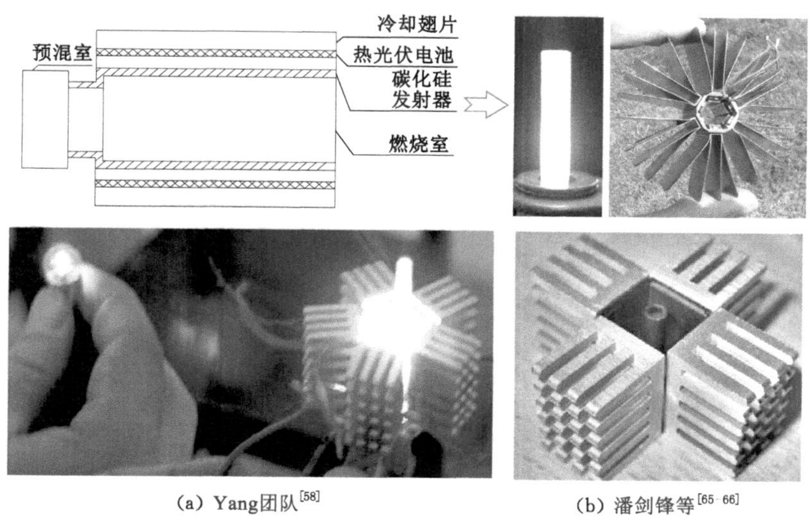

(a) Yang团队[58]　　(b) 潘剑锋等[65-66]

图 1-9 微型热光电系统示意图

量结果表明，在体积为 0.195 cm^3 的燃烧室中，当氢气的流速为 4.133 g/h 时，该系统输出功率为 1.355 W，对应的系统效率为 0.81%。随后，该团队又分别开发了基于多孔式微型辐射燃烧器[67]和回热式微型辐射燃烧器[68]的微型热光电系统，分别获得 1.703 0 W 和 1.401 4 W 的输出功率。Bani 等[69]基于氢气-氧气在多孔介质内燃烧的微型热光电系统，分析了 GaSb 光电池与燃烧器壁面之间的距离对整个系统输出功率的影响，当距离由 1 mm 变为 6 mm 时，系统输出功率由 2.7 W 变为 1.2 W。

韩国的 Park 等[70]设计了如图 1-10 所示的微型热光电系统，该系统采用回热型碳化硅辐射燃烧器作为发射器，GaSb 光电池以八边形的形式串联布置在发射器周围，在燃烧器内引燃丙烷和空气混合物后测出当输出功率为 2.35 W 时，其系统效率为 2.12%。随后通过改进该辐射燃烧器的结构[71]，使得输出功率变为 4.4 W，对应的系统效率增加至 2.3%。改进后的系统采用氨气-氢气混合物作为燃料时输出功率为 5.2 W，对应的系统效率为 2.1%。Um 等[72]在 Lee 等[71]设计的微型热光电系统的基础上集成了氨气重整制氢设备，使整个系统可以输出 4.5 W 的电功率，并可以在氨气重整率为 96.0%的条件下氢气生产功率为 22.6 W，集成设备的系统效率提升至 8.1%。新南威尔士大学悉尼分校的 Gentillon 等[73]设计了基于多孔介质燃烧的热光电系统，在系统效率为 0.071%

时输出功率为 1.00 W。

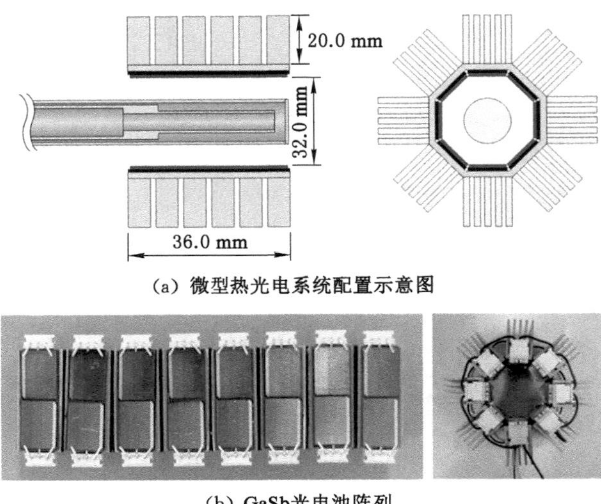

(a) 微型热光电系统配置示意图

(b) GaSb光电池阵列

图 1-10 Park 等人研制的微型热光电系统[70]

2013 年,麻省理工学院的 Chan 等[74]建立了图 1-11(a)所示的微型热光电系统,通过实验验证和理论分析展示了微型热光电系统的巨大潜力,预计未来微型热光电系统可以在毫米级的外形尺寸内实现高达 32%的有效热电转换效率。实验中演示的简单易实现的微型热光电系统理论效率为 2.7%,而实验测量结果为 2.5%,验证了具有高能量密度且高效的微型热光电系统的可行性。随后,Chan 等[75-76]开发了一种能够将微型辐射燃烧器和光子晶体集成在一起的制造工艺,提高了微型热光电系统中热端的辐射效率,如图 1-11(b)所示。实验测得的微型热光电系统效率为 4.3%,而通过工程优化可将系统效率提高至 12.6%。

1.2.1.4 微型推进器

微型空间飞行器或微型卫星在运行时需要保持空间相对位置、控制轨道与姿态等,因此需要高精度、微推力的微型推进装置。麻省理工学院的 London 等[77-78]开发了一种体积小于 1 cm^3,质量约为 1.2 g 的高压双组元推进剂微型推进器,如图 1-12(a)所示,它主要由推力燃烧室、喷嘴、涡轮泵及控制阀等部件组成。该装置设计理论工作压力为 125 atm,产生 15 N 的推力,推重比高达 1 000∶1。点火实验在 12.3 atm 的情况下开展,产生了 1 N 的推力,推重比为 85∶1。Wu 等[79]开发了一种利用电解点火的液体单组元推进剂微型推进器,

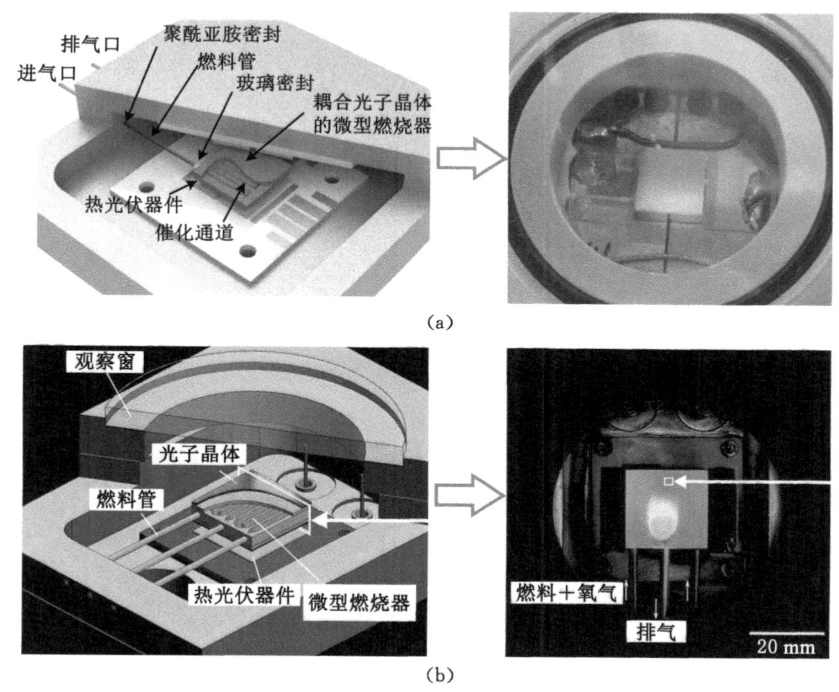

图 1-11 Chan 等人研制的微型热光电系统[74-76]

如图 1-12(b)所示。推力燃烧室的体积为 0.82 mm^3。实验过程中微型推进器被成功点燃，并且在 45 V 的电压输入下测量到大约 150 mN 的推力输出，测量的点火能量很小，约为 1.9 J。

综合来看，基于燃烧的微型动力系统种类多样，能够输出不同类型的能量，包括动能、热能和电能等，因此应用前景广阔。其中，微型热机系统由于存在运动部件，结构相对复杂，因此在微尺度条件下的泄漏以及摩擦等问题更严重，容易发生机械故障，可靠性较低。而微型热电/热光电系统结构简单、不存在运动部件、工作过程中无噪声，可靠性较高。其中，微型热光电系统可以通过调控发射器及滤波器的辐射光谱特性，从而获得更高的能量转换效率，应用前景较好。但是，目前基于燃烧的微型热光电系统的能量转换效率偏低，微型辐射燃烧器作为核心热端部件，高效热利用以及强火焰稳定性的微型辐射燃烧器优化设计及其内燃烧与传热竞争机制及协同优化问题仍缺乏深入研究。因此开发简单、稳定以及高效的微型辐射燃烧器将有助于设计高性能微型动力系统，针对微型辐

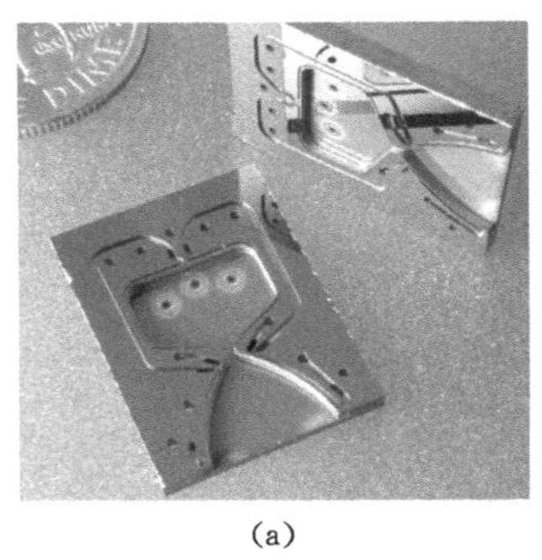
(a)

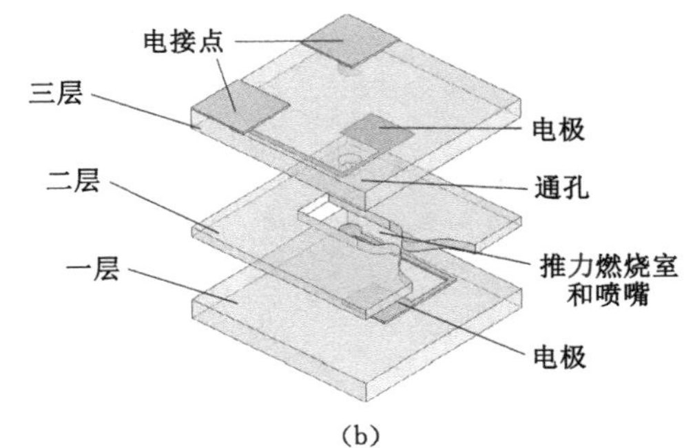

(b)

图 1-12　微型推进器[77-79]

射燃烧器内传热性能以及火焰稳定性的提升研究，将有助于提高微型动力系统热端部件的工作性能，从而进一步优化微型动力系统的性能。

1.2.2　微通道内火焰稳定性研究现状

微尺度燃烧和常规燃烧的显著差异是燃烧器特征尺寸不同。通常，微型燃烧器的特征尺寸与火焰淬熄距离接近或处同一量级，同时化学反应组分停留时间与燃料化学反应时间接近或处同一量级，因此火焰的部分物理现象及规律与宏观尺度下的有较大差异。此外，微通道内的火焰动力学特性更为复杂，容易形成不稳定的火焰形态，例如反复熄燃火焰(FREI，flames with repetitive extinction and ignition)[7,80-82]、振荡火焰[83-86]、不对称火焰[87-88]、旋转火焰[89-92]等。同时，微尺度条件下的火焰燃烧效率低，稳燃范围小。由于微尺度燃烧时火焰与固体壁面之间存在的强烈热耦合与化学耦合作用会对火焰稳定性产生较大的影响，因此微尺度燃烧时通常需要采用稳燃方法以提高火焰的稳定性。目前，常用的稳燃方法主要分为两类：一类是热管理措施，主要有热循环(或回热)、多孔介质燃烧、回流区或低速区稳燃等；另一类是化学管理措施，主要是催化燃烧。

1.2.2.1　热循环

热循环(或回热)主要是利用燃烧产生的热量对来流未燃气体进行加热，从而提高火焰的稳定性。目前最常见的一种微型热循环燃烧器结构是瑞士卷燃烧器[93]，如图 1-13(a)所示。这类燃烧器通常采用螺旋线结构通道，使高温烟气与低温未燃气体在相邻通道中发生逆流换热，进而提高未燃气体的温度和焓值，以有效增加燃烧效率并提高燃烧稳定性。Kim 等[93]建立了圆盘形瑞士卷燃烧器并发现即使通道直径小于火焰的淬火距离，在瑞士卷燃烧器内仍可以维持稳定的火焰。Kuo 等[94]研究发现，瑞士卷燃烧器固体壁面较小的导热系数有利于扩大火焰的可燃范围。Zhong 等[95]也对瑞士卷燃烧器内火焰稳定性进行了实验研究，发现热循环作用显著提高了火焰的熄灭极限，同时对燃烧器采用隔热处理，进一步增强了火焰稳定性并扩大了可燃范围。Wang 等[96]设计了一种用于非预混燃烧的微型瑞士卷燃烧器，相关的实验结果表明，甲烷气体可以在非常贫燃的条件下以及入口流量较低的条件下实现稳定燃烧。

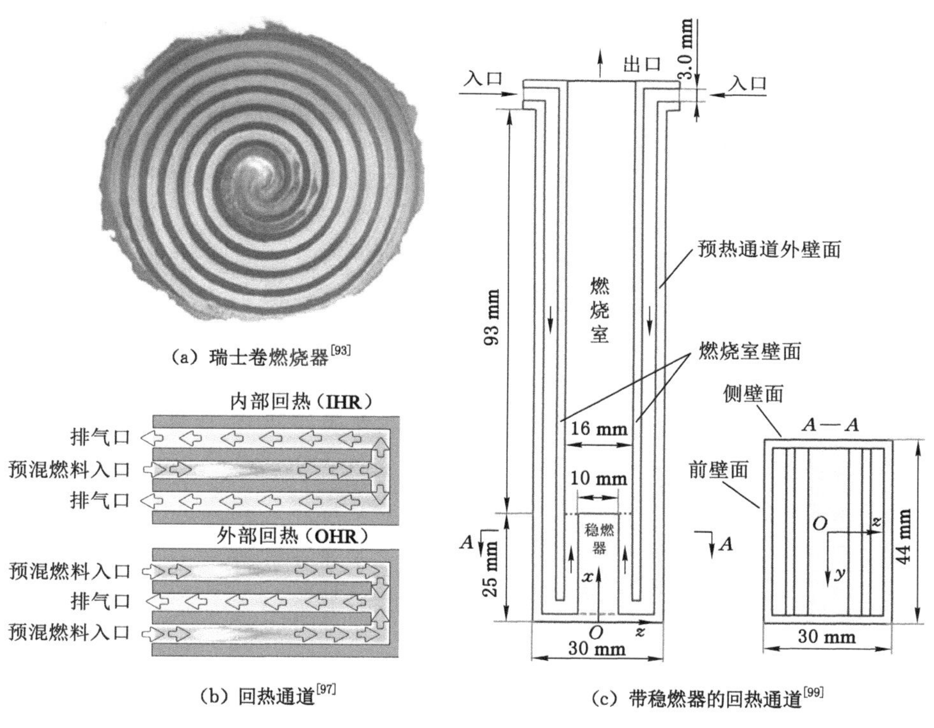

图 1-13 回热式微型燃烧器

此外，通过设计回热通道，也可以达到预热反应物的效果。Bagheri 等[97]对比分析了内部回热和外部回热对丙烷燃烧时的火焰速度与厚度、吹熄极限、热损失以及辐射效率的影响，如图 1-13(b)所示。结果表明，两种回热通道结构均有助于增大火焰的可燃范围与吹熄极限，不同之处是内部回热可以获得更好的火焰稳定性，而外部回热可以产生更大的辐射效率。Tang 等[98]也对具有内部回热通道的燃烧器内丙烷-空气预混燃烧特性进行了实验研究。结果表明，回热通道可将火焰的吹熄极限提高两倍以上，同时也能够提高燃烧器的辐射效率。Wan 等[99-104]采用实验和数值模拟相结合的方法对图 1-13(c)中所示的带稳燃器的回热式燃烧器进行了系统研究，分析了燃烧器内甲烷在不同燃烧工况下的动态火焰特性以及吹熄极限，揭示了燃烧器内的火焰吹熄机制与过程，充分展示了该燃烧器内的壁面通道回热与稳燃器下游产生的回流协同作用在提升火焰稳定性方面的优势。

1.2.2.2 多孔介质燃烧

多孔介质燃烧是将多孔介质插入燃烧室内部的一种燃烧组织方式，多孔介质不仅可以将火焰高温区域的能量传递给未燃的反应物，以加快燃烧速度，同时多孔结构的蓄热能力也能使火焰温度分布更加均匀，以提高火焰稳定性。Li 等[105]采用热非平衡模型对多孔燃烧器内氢气-空气预混燃烧特性进行了详细分析，研究结果表明在对未燃气体的预热作用上，多孔介质引起的反应区热循环明显大于燃烧器壁面引起的热循环。此外，该团队[106]还对部分填充多孔介质的微型燃烧器内多孔介质引起的预热及热损失效应对火焰稳定性影响进行了分析。肖洪成等[107]探究了微型燃烧器内填充多孔介质时氢气燃烧过程的传热特性，并考察了填充材料孔隙率及导热系数、壁面导热系数和当量比对回热的影响。Wang 等[108]在微型燃烧器入口段填充多孔介质，研究发现多孔介质的插入降低了燃烧器的壁面热损失，提高了火焰的稳定性。Pan 等[109]和 Ning 等[110]围绕微型多孔介质燃烧器展开研究，发现多孔介质能够强化燃烧过程，并且改善火焰稳定性，扩大可燃范围。Peng 等[111]对多孔介质强化丙烷-氢气混合气体燃烧过程进行了研究，发现多孔介质提高了反应强度，缩短了火焰长度，同时也提高了燃烧器的传热性能。

1.2.2.3 回流区或低速区稳燃

回流区或低速区稳燃方式主要是通过燃烧器中的回流区或低速区锚定火焰，增加可燃混合气的停留时间，常用的方法有突扩台阶、钝体及凹腔等。Yang 等[112]和 Li 等[113]开发了带有突扩台阶的微型燃烧器，如图 1-14(a)所示。研究发现，突扩台阶后方形成的低速回流区不仅能强化燃料混合，同时也能够延长反应物的停留时间，并且突扩台阶可以很好地锚定火焰，从而提升火焰的稳定性。Deshpande 等[114]和 Khandelwal 等[115]开发了三阶突扩式微型燃烧器，发现突扩结构明显扩大了甲烷-空气预混燃烧时的火焰稳定极限范围。

钝体稳燃的主要机理是利用钝体后部形成的回流区锚定火焰，如图1-14(b)所示[116]。Fan等[117]和Wan等[118]研究发现在微通道内增设钝体，能够较好地锚定火焰，显著扩大火焰的吹熄极限。此外，Fan等[119]还发现半圆形钝体的吹熄极限比三角形钝体的大，主要是由于三角形钝体后部火焰所受的剪切力较大。Yan等[120]对比了传统的三角形钝体与中间开缝的三角形钝体对微型燃烧器内氢气燃烧特性的影响，发现中间开缝的三角形钝体可以拓展吹熄极限，同时还可提高燃烧效率。凹腔结构也是一种利用回流区或低速区锚定火焰的有效方法。Wan等[121]通过在微通道内设置凹腔结构，开发设计了微型凹腔燃烧器，如图1-14(c)所示。研究结果表明凹腔内部形成的回流区与低速区、凹腔结构强化的壁面热传导效应对火焰的预热作用，以及凹腔内部形成较高的局部当量比等作用都有助于提高火焰稳定性。此外，该团队还分析了壁面材料的导热系数[122]、通道间距[123]以及入口氧化剂含氧量[124]等因素对火焰稳定性的影响。

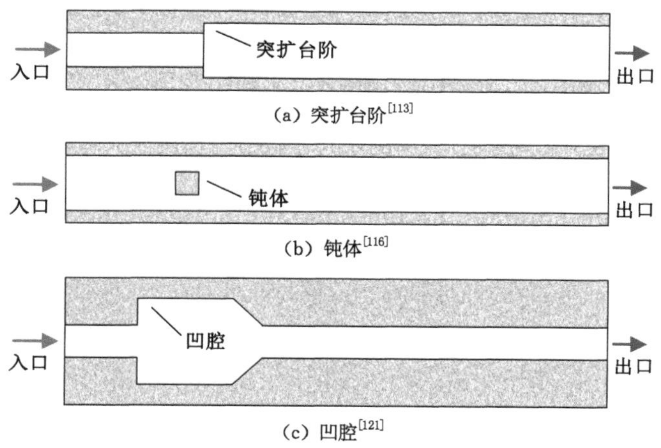

(a) 突扩台阶[113]

(b) 钝体[116]

(c) 凹腔[121]

图1-14 基于回流区稳燃的微型燃烧器

1.2.2.4 催化燃烧

催化燃烧主要通过催化剂来降低化学反应的活化能，促进相关反应能够在较低温度下发生，提升燃烧效率。对于微型燃烧器，较大的面体比更有利于催化燃烧的发生，同时催化燃烧可以解决微尺度下化学反应自由基熄火的问题。Maruta等[125]在微圆管内壁面加镀Pt催化剂，发现甲烷可以在小于淬熄距离的通道内维持稳定燃烧，同时催化燃烧显著拓展了火焰的吹熄极限。Pizza等[126]

研究发现在燃烧器内壁面增加催化剂可有效消除壁面振荡火焰及非对称火焰等火焰形态。Chen 等[127]设计了微型分段式催化燃烧器,发现催化剂的间隔布置能够减少其对气相反应的抑制,即多段布置形式比单一布置形式的催化效果更好。此外,该团队[128-129]还采用耦合凹腔的微型分段式催化燃烧器来提高燃料转化率,发现凹腔与催化剂的协同作用明显扩大了该燃烧器的稳定操作范围,提高了火焰稳定性。Chen 等[130-132]、Pan 等[133]和 Lu 等[134-135]针对微型燃烧器内壁面催化反应与气相反应耦合作用机制及燃烧稳定性展开研究。Zhong 等[136]研究了氢气掺混对正丁烷微尺度催化燃烧的影响。Qi 等[137]和 Wang 等[138]针对微通道内甲烷-湿空气催化燃烧特性以及 Pd-Pt 金属催化甲烷燃烧反应动力学特性方面进行了大量研究。Zhou 等[139]发现催化燃烧与壁面热回流过程耦合作用更有利于提高火焰稳定性。Deng 等[140]和 Yang 等[141]研究了不同碳氢及含氧燃料的微尺度催化燃烧特性,揭示了燃烧过程中催化剂失活作用机制。Wang 等[142-143]针对甲烷-空气混合物在微通道中的催化燃烧过程,分别从传热和化学作用角度厘清了壁面催化反应与气相反应之间相互作用机制及影响规律。Yedala 等[144]对螺旋通道内氢气-空气稀薄燃烧条件下的催化燃烧特性分析发现,壁面催化反应扩大了气相燃烧反应的可燃范围。

综合来看,由于微通道内的火焰传播特性复杂,燃料在微型燃烧器内实现高效稳定燃烧相对较难。基于此,国内外学者针对微尺度燃烧火焰稳定问题已经开展了大量研究,主要从微型燃烧器几何结构优化设计以及新型燃烧方式(例如多孔燃烧、催化燃烧)等方面展开。但是,目前稳定高效的微型燃烧器技术尚未成熟,开发出简单、高效、燃料适用性好、着火极限范围广的微型燃烧器仍是亟待解决的关键问题。由于微型燃烧器的长度较短,因此短而紧凑的火焰结构对于提升微型燃烧器内的火焰稳定性具有较强的实用性。而旋流燃烧时的火焰长度较短、结构紧凑,并且旋流流动产生的回流区能够卷吸燃烧产物以增强混合性能,有利于着火和火焰的稳定。但是,目前较少有公开文献报道微尺度下旋流燃烧特性以及旋流式微型辐射燃烧器的设计等问题,因此有必要针对该问题展开深入研究。

1.2.3 微型辐射燃烧器传热性能强化研究现状

燃料在微型燃烧器内实现稳定高效的燃烧是微型动力系统的应用前提,而对微尺度燃烧过程中释放热量的有效管理与利用是提高微型动力系统能量转换效率的关键环节。微型动力系统中的微型热光电系统主要是利用光伏电池将微型辐射燃烧器高温壁面辐射的能量转化成电能。微型辐射燃烧器特征尺寸越小，面体比越大，燃烧器的辐射效率也越高，即微型热光电系统的微型化有利于提高自身的转换效率。此外，微型热光电系统不仅能量密度高，并且其结构较为简单、不需要使用运动部件，在运行过程中不会产生噪声，便携性较好，是目前应用前景较好的微型动力系统。而微型动力系统燃烧器内燃烧和传热过程的优劣将关系到微型动力系统整体效率。受光电池能隙的限制，燃烧器壁面温度越高，辐射出的能量可以被光电池吸收的部分就越多[145]。因此，为了提高微型热光电系统的能量转换效率，在微型辐射燃烧器设计过程中，通常需要尽可能提高燃烧器的壁面温度水平以及壁面温度均匀性，同时维持燃烧器内火焰稳定燃烧。为此，在提升微型热光电系统效率的层面上，针对微型辐射燃烧器传热性能的强化研究具有重要意义。

为了提高微型辐射燃烧器的传热性能，学界围绕微型辐射燃烧器结构优化展开了大量研究，目前常用的结构优化方法主要是在燃烧通道中添加嵌入物，例如多孔介质、钝体、翅片或肋片、挡板等。Chou 等[146]将多孔介质插入微型辐射燃烧器内部强化了高温燃烧产物与壁面间的热传递作用，提高了燃烧器的辐射效率，如图 1-15(a)所示。Yang 等[147]发现碳化硅多孔介质将微型辐射燃烧器的壁面峰值温度提高了 90～120 K，壁面平均温度可增加 10～40 K，相应的微型热光电系统效率最大可提高 20%。Pan 等[109]分析了圆柱结构的微型辐射燃烧器内氢气-氧气混合物燃烧时，化学当量比和多孔材料对壁面温度分布的影响。碳化硅多孔材料由于具有较高的导热系数，使得壁面温度分布最高且均匀性最好。Kang 等[148]也通过实验验证了碳化硅多孔材料填充至微型辐射燃烧器内可以获得更高的壁面温度分布，从而提高系统的输出功率。Li 等[149]采用数值模拟的手段分析了多孔介质对微型辐射燃烧器内传热过程的强化机制，多孔介质的热再循环作用提高了火焰的稳定性，同时获得了较高的壁面温度分布。Peng 等[150]研究了微型辐射燃烧器内氢气燃烧过程中多孔介质对壁面温度分布的影响。由于燃烧器内径较大(7 mm)而且入口直径较小(2 mm)，多孔介质对壁面温度的提升效果十分明显，文献中报道了多孔介质使壁面温度升高了 188 K。随后，对该燃烧器内氢气-丙烷混合物燃烧时，多孔介质的孔隙率、孔密度及丝径对燃烧器壁面温度分布进行了分析[111]。

与多孔介质强化传热机制不同，钝体、翅片或肋片和挡板等主要是在燃烧通道内形成回流区或延长反应物的停留时间，从而达到强化换热的目的。Qian 等[151]在微型辐射燃烧器内添加钝体，使得多孔介质内流体在钝体后方形成回流，该方法拓展了火焰的吹熄极限，同时又也提高了燃烧器的壁面温度，文献中计算的微型热光电系统效率提高了 14.7%。Pan 等[152]通过在微型辐射燃烧器内添加翅片阵列结构将壁面温度提高了约 100 K;Li 等[153]则通过添加圆柱形阵列提高了壁面的温度和均匀性,燃烧器的辐射效率提高了 28.61%;He 等[154]则分析了圆柱形阵列方式(交错排列与顺排)及固体材料对燃烧器传热性能的影响。对于肋片的应用,Zuo 等[155]在圆柱通道中部添加一个矩形肋,通过矩形肋在壁面附近形成回流区,强化了气体与壁面之间的传热。Ni 等[156]在 Zuo 等[155]的基础上又在圆柱通道出口处添加一个矩形肋,进一步提高了燃烧器的传热性能。目前对于通过在燃烧通道内嵌入挡板来提高微型辐射燃烧器传热性能的研究主要集中在挡板形式差异引起传热性能不同方面。Ansari 等[157]通过在微型辐射燃烧器内添加一个圆柱形挡板和一个长方形挡板,可以将平均壁面温度提升 6.3%,壁面温度的均匀性增加 87.5%。随后,Amani 等[158]又将上述燃烧器进行改进,提出了一种插入"凵"型挡板的燃烧器,与上述微型辐射燃烧器[157]相比,在相同的入口条件下,平均壁面温度提高了 36.4 K,并将壁面温度的标准偏差降低了 13.4 K。Jiang 等[159]发现燃烧器内插入挡板,增强了高温气体对来流反应物的预热,从而提高了壁面温度。Tang 等[160]设计了内置平行挡板的微型辐射燃烧器,如图 1-15(b)所示。由于平行挡板增强了燃烧器的传热性能,因此

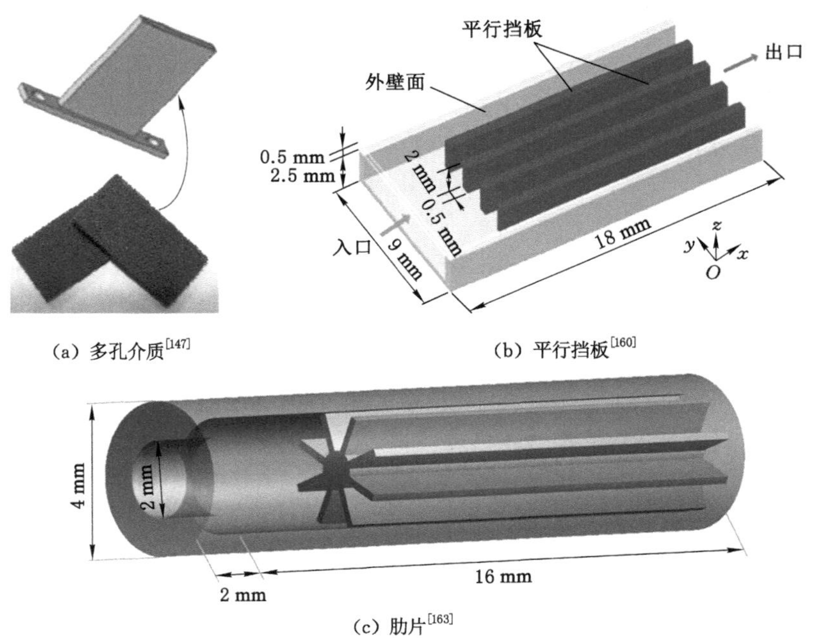

(a) 多孔介质[147]

(b) 平行挡板[160]

(c) 肋片[163]

图 1-15 添加不同嵌入物的微型辐射燃烧器

与无挡板的燃烧器相比，平行挡板可以将燃烧器的壁面温度提高 100 K 以上，并且壁面温度随着挡板数量的增加而升高。Yang 等[161]将一块平板插入微型辐射燃烧器内提高了壁面温度及其均匀性，同时分析了平板插入长度对燃烧器传热特性的影响，获得了最小熵产以及最高壁温时的平板插入长度。Tang 等[162]设计了一种在出口设置十字挡板的微型辐射燃烧器，发现十字挡板可以将燃烧器的壁面平均温度提高 90 K 以上，此外十字挡板的无量纲长度为 5/9 时燃烧器辐射效率最高。Nadimi 等[163]通过在微型辐射燃烧器内添加微型肋片显著提高了壁面平均温度，并改善壁面温度分布的均匀性，如图 1-15(c)所示。

另外，回热结构主要利用高温燃气对来流未燃反应物进行预热从而提高回热效率，是一种增强微型辐射燃烧器的传热性能的有效方式。Lee 等[164]设计了一种带回热通道的微型辐射燃烧器，发现热再循环作用显著改善了燃烧器的性能。随后，Park 等[165]分析了该燃烧器应用于微型热光电系统时，光伏电池腔室内压力及光伏腔室与燃烧器间距对燃烧器壁温分布的影响。Yang 等[166]设计了以石英玻璃罩作为回热结构的微型辐射燃烧器，如图 1-16(a)所示，该回热结构将燃烧器壁面温度提高了约 123 K。由于壁面温度的升高不仅提高了辐射效率，同时也增加了可以被光电池吸收的波段能量，进而提高了微型热光电系统的效率。对于回热式微型辐射燃烧器，Jiang 等[167]提出了一种基于外部循环设计的微型辐射燃烧器，如图 1-16(b)所示，该燃烧器由于壁面温度高而且均匀性好，应用于微型热光电系统时的效率是传统燃烧器的两倍。Tang 等[98]设计了一种基于内部循环的微型辐射燃烧器，采用实验的方法测试了丙烷燃烧时燃烧器的传热特性。实验结果表明，回热式燃烧器壁面温度比直通道燃烧器的壁面

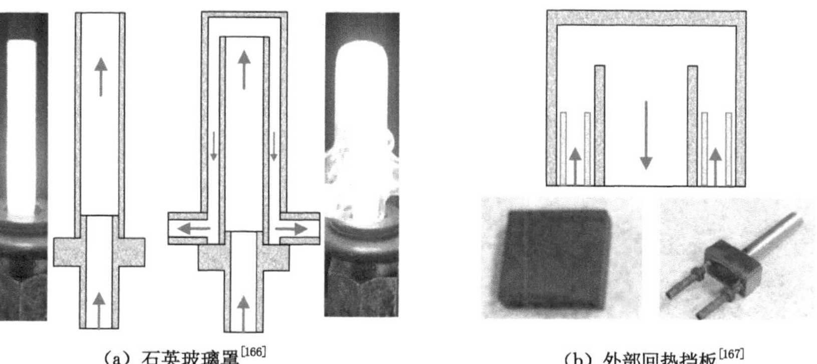

(a) 石英玻璃罩[166]　　(b) 外部回热挡板[167]

图 1-16　具有回热结构的微型辐射燃烧器

温度高 20～120 K，此外，该研究还分析了循环挡板长度对燃烧器壁面温度的影响，获得了最佳的挡板长度。Fontana 等[168]通过在燃烧器壁面附近添加挡板，同时改变燃烧器出口使得高温燃气沿着壁面与挡板之间的回热通道流出，然后将多孔介质填充至回热通道内，利用多孔介质的高导热系数来提高燃气与壁面间的传热。结果表明，新的燃烧器可以将壁面辐射效率提高 40%。

改进优化微型辐射燃烧器结构对于提高其传热性能也是一种有效的手段。Zuo 等[169]提出一种渐扩式微型辐射燃烧器，如图 1-17(a)所示，该燃烧器壁面热阻沿火焰传播方向逐渐减小，逐渐减小的热阻与逐渐降低的火焰温度分布相匹配，从而提高了外壁面温度，而且使温度分布的均匀程度也大幅提高。Akhtar 等[170]对比了不同通道截面类型(圆形、矩形、正方形、梯形和三角形)对微型辐

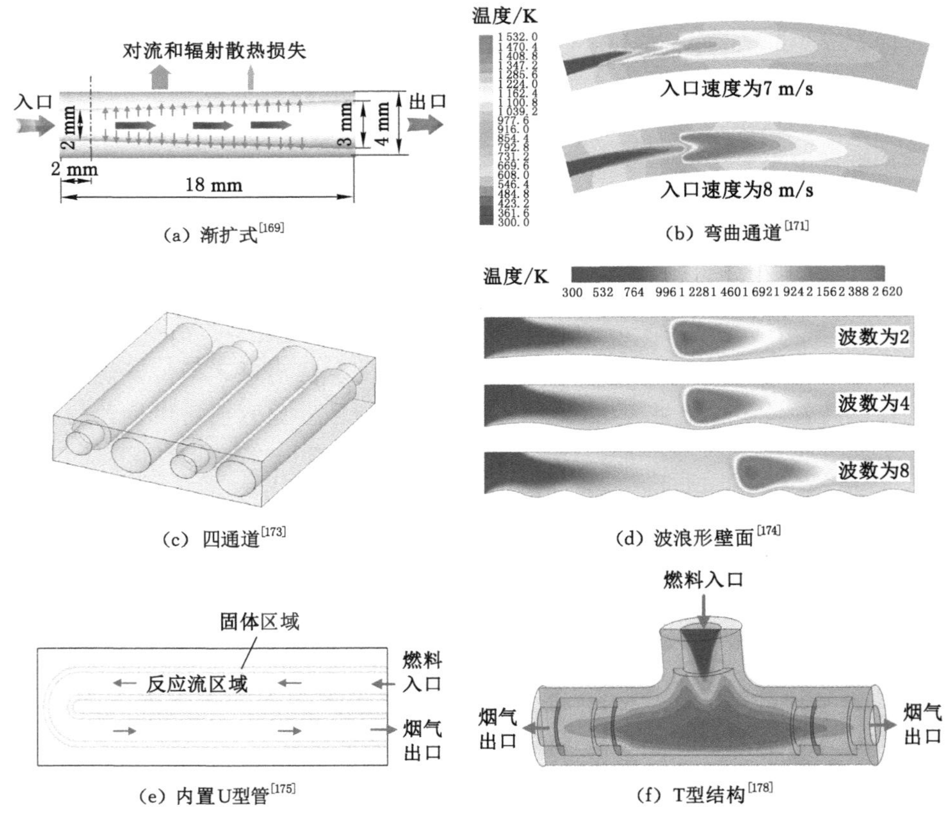

(a) 渐扩式[169]　(b) 弯曲通道[171]
(c) 四通道[173]　(d) 波浪形壁面[174]
(e) 内置U型管[175]　(f) T型结构[178]

图 1-17　微型辐射燃烧器结构

射燃烧器的壁面温度分布和能量转换效率的影响。研究结果表明，当入口流量较低时，梯形截面燃烧器的综合传热性能最佳，而且能量转换效率最高；当入口流量较高时，三角形截面燃烧器的综合性能最佳。Akhtar 等[171]提出一种弯曲通道的微型辐射燃烧器，如图 1-17(b)所示，研究了曲率变化对微通道内火焰稳定性及传热性能的影响。结果表明，与传统的直通道相比，弯曲通道的外壁温度提高了 110 K，总的能量转换效率提高了 7.84%，即通道的弯曲改善了燃烧器的传热性能，提高了能量转换效率。Su 等[172]提出了一种五通道微型辐射燃烧器，通过研究发现该燃烧器的辐射效率高于单通道的微型辐射燃烧器的辐射效率，并且通过调整不同通道的入口当量比，获得了更均匀的温度分布。Zuo 等[173]则基于四通道微型辐射燃烧器，研究了通道间顺流和逆流布置时燃烧器的传热性能，如图 1-17(c)所示，得出在通道之间选择逆流布置时壁面温度更高且更均匀的结论。Mansouri[174]提出了一种具有波浪形壁面的微型辐射燃烧器，如图 1-17(d)所示，利用波浪形壁面增强了燃烧器与热光电系统中选择性发射器之间的传热，分析了波数变化对燃烧器性能的影响。Alipoor 等[175]设计了一种如图 1-17(e)所示的方形外壳内置 U 型管的微型辐射燃烧器，在 U 型管与外壳之间存在的二次流使化学反应流区域和固体导热区域之间出现热平衡，能够较好地预热入口未燃气体，同时在外壁面上形成均匀的温度分布。Su 等[176]基于 Wan 等[121]提出的单凹腔微型燃烧器设计了一种双凹腔微型辐射燃烧器，发现双凹腔结构对于提高燃烧器的辐射效率、改善壁面温度分布均匀性都具有积极作用。Peng 等[177]设计了一种二阶突扩式微型辐射燃烧器，分析了燃烧器直径以及台阶变化对燃烧器传热性能的影响。研究结果发现，存在于二阶突扩结构后方的回流区，不仅会改善火焰稳定性，还能够增强气体与壁面之间的传热，并提高壁面温度水平。Ni 等[178]设计了 T 型结构的微型辐射燃烧器，如图 1-17(f)所示。分析燃烧器烟气出口附近添加矩形肋或多孔介质对壁面温度分布的影响，结果表明，与传统的直管燃烧器相比，T 型结构燃烧器的壁面温度分布更加均匀，并且当在烟气出口附近添加多孔介质时的壁面温度要高于添加矩形肋时的壁面温度。

除了通过微型辐射燃烧器结构设计优化提高其传热性能之外，改善燃烧过程亦可提高燃烧器的传热性能，其中催化燃烧和燃料掺混燃烧是目前应用较为广泛的方法。针对催化燃烧，Yang 等[179]采用实验的方法研究碳化硅微型辐射燃烧器内表面喷涂铂颗粒涂层对燃烧器壁面温度及其应用于微型热光电系统时输出功率的影响。结果发现，铂催化剂将壁面温度提高了 34～52 K，相应的微型热光电系统的输出功率提高了 11.0%～23.8%。Li 等[180]将开孔铂金管作为微型热光电系统的发射器,发现锚定在开孔铂金管上面的火焰可以有效地加热壁面,提高辐射效率。随后,Li 等[181]对开孔铂金管应用于热光电系统时的性能进行了实验研究。采用氢气辅助甲烷在铂金管上面发生催化燃烧反应,微型辐射燃烧器内火焰维持稳定燃烧,实验中测得的热光电系统效率高达 6.32%。Zhang 等[182]在以铂片为催化剂的燃烧室中,将高导热系数材料嵌入铂片与壁面之间,从而获得了温度较高且均匀性较好的壁面温度分布。Li 等[183]提出了一种用于甲烷-空气非预混燃烧的对称催化燃烧器,并分析了入口速度、当量比及壁面材料导热系数对燃烧器性能的影响。结果表明,该燃烧器稳定燃烧的最大入口速度可达 9 m/s 以上;壁面材料导热系数越大,壁面温度均匀性越好,但是中等大小的导热系数[1～10 W/(m·K)]能实现最大的功率输出。针对燃料掺混燃烧,考虑到氢气火焰传播速度快,并且淬熄距离小,属于易燃型气体燃料,因此目前的工作主要集中在以氢气为掺混燃料,分析其他不同燃料在微尺度下的燃烧过程以及燃烧器的传热性能。Tang 等人分别对微型辐射燃烧器内甲烷[184]和丙烷[185]添加氢气时的燃烧特性进行了研究,分析了不同添加比例的影响。氢气的添加不仅提高了甲烷和丙烷的反应速率和火焰稳定性,而且增加了燃烧器壁面辐射能量。Amani 等[186]则分析了甲烷掺混氢气在内置圆柱形和矩形挡板的微型辐射燃烧器内的燃烧过程,研究了不同掺混比下挡板几何参数对燃烧器传热性能的影响。Jiang 等[187]分析了合成气中不同 CO 与 H_2 混合比对圆柱形燃烧器辐射功率及效率的影响。Cai 等[188]则考察了微型辐射燃烧器内氨气-氧气燃烧时掺混氢气对传热和排放特性的影响,发现添加氢气虽然会降低燃烧器的壁面温度,但也会降低出口 NO_x 排放量。

综上来看,针对微型辐射燃烧器传热性能强化研究多为燃烧器结构设计优化、强化传热手段的应用、催化燃烧以及掺混燃烧等方面,但是对于微尺度燃烧过程中的传热过程缺乏系统分析。而且对于微型辐射燃烧器,高且分布均匀的壁面温度能够提升其辐射效率。因此,深入研究微型辐射燃烧器内的传热过程,对于提升燃烧器的传热性能以及微型辐射燃烧器设计具有重要意义。

1.3 本书主要研究内容

综上所述,基于燃烧的微型动力系统可以较长时间提供稳定的功率输出,并且同时具备体积小和能量密度高的显著优势,是一种应用前景较好的便携式供能系统。微型热光电系统的工作原理是利用光电元件将微型燃烧器的高温壁面辐射能量转换为电能,该系统结构简单、无运动部件,而且系统的微型化有利于提高能量密度以及能量利用效率,是目前应用前景较好的微型动力系统。微型辐射燃烧器作为为微型热光电系统提供热源的核心部件,对燃烧器内热量的有效控制与利用是提升微型动力系统能量转换效率的关键所在。在微型辐射燃烧器设计过程中,通常需要尽可能提高燃烧器的壁面温度水平以及壁面温度均匀性,同时保证燃烧器内燃料稳定燃烧。

因此,本书以微型动力系统中的微型热光电系统为应用背景,以微型辐射燃烧器为研究对象,围绕微型辐射燃烧器内燃烧与传热竞争机制及协同优化这一关键科学问题,旨在增强微型辐射燃烧器的传热性能及火焰稳定性。针对微型辐射燃烧器内耦合传热过程开展研究,厘清微型辐射燃烧器内耦合传热规律,并对其传热性能进行研究。为增强微尺度条件下火焰稳定性,提出旋流式微型辐射燃烧器,揭示火焰稳定机制,并对其传热性能进行分析。本书总体研究框架如图 1-18 所示,具体研究工作包含以下几个方面。

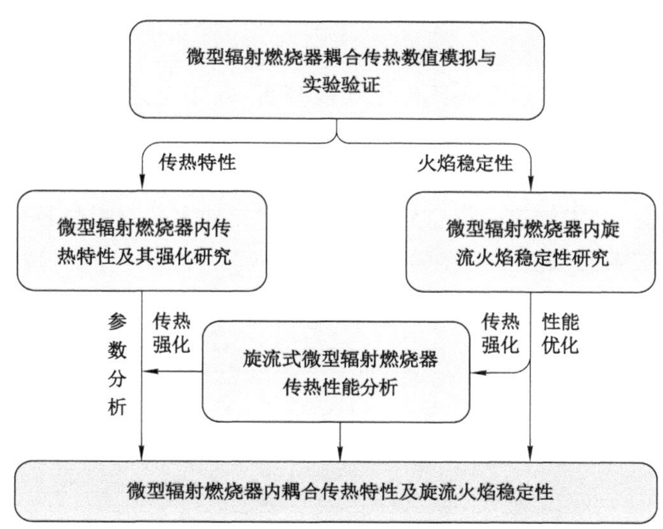

图 1-18 总体研究框架

(1) 微型辐射燃烧器耦合传热数值模拟与实验验证:建立微尺度燃烧与传热数值模拟方法,针对燃烧模拟过程中热辐射计算难度较大的问题,评估不同的 WSGG(weighted sum of gray gases,灰气体加权和)模型参数以及 WSGG 模型的两种处理方法对辐射换热的影响。同时,搭建微尺度燃烧实验系统,对微型辐射燃烧器内耦合传热数值模拟方法的可靠性进行验证。

（2）微型辐射燃烧器内传热特性及其强化研究：基于圆柱形燃烧器，从传热的角度出发，厘清燃烧器内耦合传热规律，并对其传热性能进行研究。首先对不同尺寸下圆柱形燃烧器内的耦合传热特性展开研究，分析外壁面和内壁面的热流密度分布情况，并着重考察热辐射作用对火焰结构及壁面温度分布的影响。为提高微型辐射燃烧器的传热性能，设计一种缩放通道结构，分析不同入口速度及固体壁面材料（石英、不锈钢、碳化硅）对缩放通道结构强化传热性能的影响，揭示缩放通道结构的强化传热机制。最后，对缩放通道的喉部位置及喉部直径对缩放通道结构强化传热性能的影响进行分析，获得缩放通道结构参数的影响规律。

（3）微型辐射燃烧器内旋流火焰稳定性研究：基于旋流稳燃的概念，提出一种旋流式微型辐射燃烧器，探究不同入口流速、当量比以及壁面材料对氢气-空气火焰燃烧特性的影响，揭示旋流式微型辐射燃烧器内火焰稳定机制；探究旋流器叶片角度对火焰稳燃极限的影响，获得不同旋流器叶片角度下的可燃范围与吹熄机制，为旋流式微型辐射燃烧器的设计提供指导。

（4）旋流式微型辐射燃烧器传热性能分析：基于上述旋流式微型辐射燃烧器，对其传热性能进行分析。首先，对比研究燃烧器内预混燃烧和非预混燃烧时的传热性能差异，获得不同入口流速及当量比下燃烧模式对燃烧器传热性能的影响规律；最后，分析旋流式微型辐射燃烧器的结构参数对燃烧器传热性能的影响，提高旋流式微型辐射燃烧器的辐射功率。

第 2 章　微型辐射燃烧器耦合传热数值模拟与实验验证

2.1　引言

通常，微尺度条件下的燃烧过程不仅涉及复杂的物理与化学过程，而且微型辐射燃烧器内火焰与固体壁面间存在较为强烈的热耦合作用。但是，由于微型辐射燃烧器的尺寸较小，实验测量与研究相对比较困难，而且微型辐射燃烧器内部流场、温度场以及组分分布等参数难以获得，因此本章主要研究微型辐射燃烧器内耦合传热及火焰稳定性问题的数值模拟方法。

在本章中，首先介绍针对微型辐射燃烧器耦合传热问题建立的数值模型，考虑到数值模拟中的热辐射计算难度较大的问题，评估灰气体加权和 WSGG 模型的两种处理方法以及不同的 WSGG 模型参数对辐射换热计算可靠性的影响，为实际应用选择提供理论依据。然后，介绍实验系统及设备以及实验测量方法。最后，通过组建的微尺度燃烧实验台获取实验测量数据，验证所构建的数值模型。下面详细介绍数值模型的构建、实验系统与方法以及模型的验证。

2.2　三维数值计算模型与计算方法

数值模拟过程的流程如下：首先，根据微型辐射燃烧器几何结构建立物理模型，对其进行网格划分以及网格无关性验证；其次，选取合适的数学模型，同时设置合理的边界条件及初始条件；再次，选择合适的离散方法及求解方法，求解所建立的数学模型；最后，对比验证计算收敛所得的结果与实验结果，从而进一步调整相关的数学模型及条件设置，使数值模拟结果与实验结果之间的误差达到所需精度，此时所建立的模型可以认为是比较合理且可信的。

2.2.1 流动模型

判断流动是否满足连续性假设，通常需要参考克努森数（Knudsen 数，K_n）的大小。克努森数的定义是分子平均自由程 λ 与流场特征长度 d_c 的比值。

$$K_n = \frac{\lambda}{d_c} \tag{2-1}$$

$$\lambda = \frac{1}{\sqrt{2}\pi d^2 n}$$

式中 d——气体分子有效直径，m；

n——气体分子数密度，m^{-3}。

常温常压下分子数密度 n 约为 2.5×10^{25} m^{-3}，空气分子有效直径 d 约为 3.5×10^{-10} m，其平均自由程 λ 约为 7.5×10^{-8} m；氢气分子有效直径 d 约为 2×10^{-10} m，其平均自由程 λ 约为 2.3×10^{-7} m；因此氢气与空气的混合气体的平均自由程 λ 在 $7.5\times10^{-8}\sim2.3\times10^{-7}$ m 之间。

微型辐射燃烧器的特征长度 d_c 最小为 1 mm，所以克努森数 K_n 的大小在 $7.5\times10^{-5}\sim2.3\times10^{-4}$ 之间。因此 K_n 小于 0.001，可以将流体视为连续介质，所以对于微尺度燃烧过程 Navier-Stokes（纳维-斯托克斯）方程仍适用，控制方程如下[189]：

连续性方程：

$$\frac{\partial\rho}{\partial t} + \frac{\partial(\rho u_i)}{\partial x_i} = 0 \tag{2-2}$$

式中 ρ——流体的密度，kg/m^3；

t——时间，s；

u_i——流体的速度分量，m/s；

x_i——坐标系的单位分量，m。

动量守恒方程：

$$\frac{\partial(\rho u_j)}{\partial t} + \frac{\partial}{\partial x_i}(\rho u_i u_j - \tau_{ij}) = \frac{\partial p}{\partial x_j} \tag{2-3}$$

式中 τ_{ij}——应力分量，$kg/(m\cdot s^2)$；

p——压力，Pa；

u_j——流体的速度分量，m/s；

x_j——坐标系的单位分量，m。

流体能量守恒方程：

$$\frac{\partial(\rho c_f T_f)}{\partial t}+\frac{\partial(\rho u_i c_f T_f)}{\partial x_i}=\frac{\partial(\lambda_f \partial T_f)}{\partial x_i}-\sum_j \frac{\partial(h_j J_j)}{\partial x_i}+\sum_j h_j R_j+S_{rad} \tag{2-4}$$

式中　c_f——流体的比热容，J/(kg・K)；

λ_f——流体的导热系数，W/(m・K)；

T_f——流体的温度，K；

h_j——组分 j 的显焓，J/kg；

J_j——组分 j 的扩散通量，kg/(m²・s)；

R_j——组分 j 的净反应速率，kg/(m³・s)；

S_{rad}——辐射源项，W/m³。

扩散通量考虑了浓度梯度引起的扩散（菲克定律）和温度梯度引起的扩散（索瑞特效应），即：

$$J_j=-\rho D_{j,m}\frac{\partial Y_j}{\partial x_i}-\frac{D_{j,T}}{T}\frac{\partial T}{\partial x_i} \tag{2-5}$$

式中　Y_j——组分 j 的质量分数；

$D_{j,m}$——组分 j 的质量扩散系数，m²/s；

$D_{j,T}$——组分 j 的热扩散系数，kg/(m・s)。

壁面能量守恒方程：

$$\frac{\partial}{\partial t}(\rho_s c_s T_s)+\frac{\partial}{\partial x_i}\left(\lambda_s \frac{\partial T_s}{\partial x_i}\right)=0 \tag{2-6}$$

式中　ρ_s——固体的密度，kg/m³；

c_s——固体的比热容，J/(kg・K)；

T_s——固体的温度，K；

λ_s——固体的导热系数，W/(m・K)。

组分输运方程：

$$\frac{\partial(\rho Y_i)}{\partial t}+\frac{\partial(\rho u_i Y_i)}{\partial x_i}=-\frac{\partial J_i}{\partial x_i}+R_i \tag{2-7}$$

式中　Y_i——组分 i 的质量分数；

J_i——组分 i 的扩散通量，kg/(m³・s)；

R_i——组分 i 的净反应速率，kg/(m³・s)。

本书的计算中除了采用层流模型以外，还采用了湍流模型。对于层流模型和湍流模型的选取依据，我们在后续章节中会进行详细的讨论。对于湍流燃烧，本研究选取 realizable（可实现）k-ε 湍流模型，其方程如下[190]：

$$\frac{\partial}{\partial t}(\rho k)+\frac{\partial}{\partial x_i}(\rho k u_i)=\frac{\partial}{\partial x_i}\left[\left(\mu+\frac{\mu_t}{\sigma_k}\right)\frac{\partial k}{\partial x_i}\right]+G_k-\rho\varepsilon \tag{2-8}$$

$$\frac{\partial}{\partial t}(\rho\varepsilon)+\frac{\partial}{\partial x_i}(\rho\varepsilon u_i)=\frac{\partial}{\partial x_i}\left[\left(\mu+\frac{\mu_t}{\sigma_\varepsilon}\right)\frac{\partial\varepsilon}{\partial x_i}\right]+\rho C_1 S\varepsilon-\rho C_2\frac{\varepsilon^2}{k+\sqrt{\nu\varepsilon}} \tag{2-9}$$

其中 k——湍动能，m^2/s^2；

ε——湍流耗散率，m^2/s^3；

μ——动力黏度，kg/(m·s)；

μ_t——湍流黏度，kg/(m·s)；

G_k——由速度梯度产生的湍动能，$kg/(m \cdot s^3)$；

ν——运动黏度，m^2/s；

C_1——模型常数；

$C_2,\sigma_k,\sigma_\varepsilon$——模型常数，分别取 1.9，1.0，1.2；

S——速度张量系数，s^{-1}。

2.2.2 化学反应模型

对于层流燃烧，化学反应模型是层流有限速率模型，燃烧化学反应需要考虑详细的化学反应机理，因此组分 i 的净反应速率计算如下：

$$R_i=M_{w,i}\sum_{r=1}^{N_r}R_{i,r} \tag{2-10}$$

式中 $M_{w,i}$——组分 i 的分子量，kg/kmol；

$R_{i,r}$——组分 i 在第 r 个基元反应中的净反应速率，$kmol/(m^3 \cdot s)$；

N_r——总反应个数。

组分 i 在第 r 个基元反应中的净反应速率如下：

$$R_{i,r}=\Gamma(\nu''_{i,r}-\nu'_{i,r})\left(k_{f,r}\prod_{j=1}^{N}[C_{j,r}]^{\eta'_{j,r}}-k_{b,r}\prod_{j=1}^{N}[C_{j,r}]^{\nu''_{j,r}}\right) \tag{2-11}$$

式中 $\nu'_{i,r}$——反应 r 中反应物 i 的化学计量系数；

$\nu''_{i,r}$——反应 r 中生成物 i 的化学计量系数；

$k_{f,r},k_{b,r}$——反应 r 的正反应速率常数和逆反应速率常数；

$C_{j,r}$——反应 r 中组分 j 的摩尔浓度，$kmol/m^3$；

$\eta'_{j,r}$——反应 r 中组分 j 的正反应速率指数；

N——反应组分个数；

Γ——第三体对反应速率的影响，计算如下[191]：

$$\Gamma=\sum_{j}^{N}\gamma_{j,r}C_j \tag{2-12}$$

式中 $\gamma_{j,r}$——反应 r 中组分 j 的第三体效率；

C_j ——组分 j 的摩尔浓度，kmol/m³。

反应速率由 Arrhenius（阿伦尼乌斯）公式决定，反应 r 的正向反应速率常数 $k_{f,r}$ 计算如下：

$$k_{f,r} = A_r T^{\beta_r} \exp\left(-\frac{E_r}{RT}\right) \tag{2-13}$$

其中　A_r——反应 r 的指前因子；

β_r ——反应 r 的温度指数；

E_r——反应 r 的活化能，J/kmol；

R——通用气体常数，J/(kmol·K)。

逆反应速率常数 $k_{b,r}$ 则根据正反应速率常数 $k_{f,r}$ 与平衡常数的比值确定：

$$k_{b,r} = \frac{k_{f,r}}{K_r} \tag{2-14}$$

式中　K_r ——反应 r 的平衡常数。

对于氢气燃烧反应，本研究选取 Li 等[192]提出的 9 组分及 19 步化学反应机理，如表 2-1 所列（其中 M 为反应的第三体）。

表 2-1　氢气化学反应机理[192]

序号	基元反应式	指前因子 A_r	温度指数 β_r	活化能 E_r/(kcal·mol^{-1})^{e}
1	$H+O_2=OH+O$	3.55×10^{15}	−0.41	16.60
2	$H_2+O=OH+H$	5.08×10^{4}	2.67	6.29
3	$H_2+OH=H_2O+H$	2.16×10^{8}	1.51	3.43
4	$H_2O+O=OH+OH$	2.97×10^{6}	2.02	13.40
5	$H_2+M=H+H+M^{a}$	4.58×10^{19}	−1.40	104.38
6	$O+O+M=O_2+M^{a}$	6.16×10^{15}	−0.50	0.00
7	$O+H+M=OH+M^{a}$	4.71×10^{18}	−1.00	0.00
8	$H+OH+M=H_2O+M^{a}$	3.80×10^{22}	−2.00	0.00
9	$H+O_2+M=HO_2+M^{b}$	1.48×10^{12}	0.60	0.00
10	$HO_2+H=H_2+O_2$	1.66×10^{13}	0.00	0.82
11	$HO_2+H=OH+OH$	7.08×10^{13}	0.00	0.30
12	$HO_2+O=OH+O_2$	3.25×10^{13}	0.00	0.00
13	$HO_2+OH=H_2O+O_2$	2.89×10^{13}	0.00	−0.50
14a	$HO_2+HO_2=H_2O_2+O_2{}^{c}$	4.20×10^{14}	0.00	11.98
14b	$HO_2+HO_2=H_2O_2+O_2$	1.30×10^{11}	0.00	−1.63

表 2-1(续)

序号	基元反应式	指前因子 A_r	温度指数 β_r	活化能 $E_r/(\mathrm{kcal\cdot mol^{-1}})^e$
15	$H_2O_2+M=OH+OH+M^d$	2.95×10^{14}	0.00	48.40
16	$H_2O_2+H=H_2O+OH$	2.41×10^{13}	0.00	3.97
17	$H_2O_2+H=H_2+HO_2$	4.82×10^{13}	0.00	7.95
18	$H_2O_2+O=OH+HO_2$	9.55×10^{6}	2.00	3.97
19a	$H_2O_2+OH=H_2O+HO_2{}^c$	1.00×10^{12}	0.00	0.00
19b	$H_2O_2+OH=H_2O+HO_2$	5.80×10^{14}	0.00	9.56

注：a. 强化因子：H_2O 为 12.0，H_2为 2.5。

b. Troe 方法中参数 $F_c=0.8$；强化因子：H_2O 为 11.0，H_2为 2.0，O_2为 0.78。

c. 反应(14)的总速率为反应(14a)和反应(14b)的速率之和；反应(19)的总速率为反应(19a)和反应(19b)的速率之和。

d. Troe 方法中参数 $F_c=0.5$；强化因子：H_2O 为 12.0，H_2为 2.5。

e. 1 kcal=4.19 kJ。

此外，当流动模型为湍流模型，对应的化学反应模型选取涡耗散概念(EDC，eddy-dissipation concept)模型，EDC 假设化学反应发生在小的湍流结构中，可以在湍流反应流中考虑详细的化学反应机理。在 EDC 模型中，组分 i 的净反应速率 R_i 计算如下[193]：

$$R_i=\frac{\rho(\xi^*)^2}{\tau^*[1-(\xi^*)^3]}(Y_i^*-Y_i) \tag{2-15}$$

式中　ξ^* ——良好尺度的长度比率；

τ^* ——时间尺度，s；

Y_i^* ——经过一个 τ^* 的反应后良好尺度的质量分数。

ξ^* 和 τ^* 分别由下列公式计算[194]：

$$\xi^*=C_\xi\left(\frac{\nu\varepsilon}{k^2}\right)^{1/4} \tag{2-16}$$

$$\tau^*=C_\tau\left(\frac{\nu}{\varepsilon}\right)^{1/2} \tag{2-17}$$

式中　C_ξ ——容积率常数，等于 2.137 7；

ν ——运动黏度，m^2/s；

C_τ ——时间尺度常数，等于 0.408 2。

2.2.3　辐射传递方程

非散射介质辐射传递方程(RTE，radiative transfer equation)如下[195]：

$$\frac{\mathrm{d}I_\lambda(s)}{\mathrm{d}s} = -\kappa_\lambda I_\lambda(s) + \kappa_\lambda I_{b\lambda}(s) \tag{2-18}$$

式中　$I_\lambda(s)$——位置 s 处(单位 m)的光谱辐射强度,W/($\mathrm{m}^2 \cdot \mu\mathrm{m} \cdot \mathrm{sr}$);

κ_λ——光谱吸收系数,m^{-1};

$I_{b\lambda}$——黑体光谱辐射强度,W/($\mathrm{m}^2 \cdot \mu\mathrm{m} \cdot \mathrm{sr}$)。

对于灰体壁面,边界条件为:

$$I_{\mathrm{wall}}(s) = \varepsilon'_{\mathrm{wall}} I_{b,\mathrm{wall}} + \frac{1-\varepsilon'_{\mathrm{wall}}}{\pi}\int_{n_{\mathrm{wall}} \cdot s_i < 0} I_{\mathrm{wall}} \left| n_{\mathrm{wall}} \cdot s_i \right| \mathrm{d}\Omega_i \tag{2-19}$$

式中　$\varepsilon'_{\mathrm{wall}}$——壁面的发射率;

I_{wall}——灰体壁面辐射强度,W/($\mathrm{m}^2 \cdot \mathrm{sr}$);

n_{wall}——壁面法线方向;

$I_{b,\mathrm{wall}}$——黑体壁面辐射强度,W/($\mathrm{m}^2 \cdot \mathrm{sr}$);

s_i——s 处的 i 方向;

Ω_i——i 方向立体角,sr。

通过计算 RTE,能够确定能量方程中的辐射源项:

$$S_{\mathrm{rad}} = \int_\Omega \int_\lambda (\kappa_\lambda I_\lambda - \kappa_\lambda I_{b\lambda}) \mathrm{d}\lambda \mathrm{d}\Omega \tag{2-20}$$

2.2.4　计算方法

微型辐射燃烧器内耦合传热数值模拟选取基于压力的求解器,速度和压力耦合求解运用 SIMPLE(semi-implicit method for pressure-linked equations,压力耦合方程组的半隐式方法)算法,并借助二阶迎风格式对控制方程进行离散,运用离散坐标法(DOM,discrete ordinates method)计算辐射传递方程。计算达到收敛的标准为:能量方程残差小于 10^{-6},其他方程的残差小于 10^{-4}。混合气体的密度借助理想气体定律计算;混合气体的比热容、黏度以及导热系数均通过质量加权法获取;混合气体的质量扩散根据分子动理论计算;单个组分的比热容由温度分段多项式拟合确定。

数值模拟中的边界条件如下:燃烧器入口设置速度入口或质量入口边界条件,入口温度 300 K,入口燃料和氧化剂的质量分数根据当量比确定;燃烧出口设置压力出口边界条件,出口表压 0 Pa;燃烧器内表面采用无滑移和零扩散通量边界条件,外表面采用混合边界条件,在考虑外表面对流散热和辐射散热的条件下,表面热损失计算可由下式进行确定:

$$Q_{\mathrm{loss}} = h_0 \sum A_{\mathrm{w},i}(T_{\mathrm{w},i} - T_0) + \varepsilon'\sigma \sum A_{\mathrm{w},i}(T_{\mathrm{w},i}{}^4 - T_0{}^4) \tag{2-21}$$

式中　Q_{loss}——表面热损失，W；

h_0——自然对流换热系数，10 W/(m^2 · K)；

$A_{w,i}$——燃烧器外壁面单元 i 的面积，m^2；

$T_{w,i}$——燃烧器外壁面单元 i 的温度，K；

T_0——环境温度，为 300 K；

ε'——固体壁面材料的发射率，由材料确定；

σ——Stephen-Boltzmann(斯蒂芬-玻尔兹曼)常数，取 5.67×10^{-8} W/(m^2 · K^4)。

微型辐射燃烧器的辐射功率 P_{rad} 反映燃烧器高温外壁面的总辐射能，计算如下：

$$P_{rad} = \varepsilon'\sigma \sum A_{w,i}(T_{w,i}{}^4 - T_0{}^4) \tag{2-22}$$

微型辐射燃烧器的辐射效率为辐射功率与燃烧器输入热量之比，计算如下：

$$\eta_{em} = \frac{P_{rad}}{m_{H_2} Q_{LHV}} \times 100\% \tag{2-23}$$

式中　Q_{LHV}——氢气的低位热值，取 120 MJ/kg[196]；

m_{H_2}——燃烧器入口氢气的质量流量，kg/s。

微型辐射燃烧器壁面温度分布的归一化标准差（T_{NSD}）用来评价壁面温度分布的均匀性，T_{NSD} 越小，壁面温度分布越均匀。T_{NSD} 定义如下：

$$T_{NSD} = \frac{\sum A_{w,i} \left| T_{w,i} - T_{ave} \right|}{T_{ave} \sum A_{w,i}} \times 100\% \tag{2-24}$$

式中，T_{ave} 为壁面平均温度，计算如下：

$$T_{ave} = \frac{\sum A_{w,i} T_{w,i}}{\sum A_{w,i}} \tag{2-25}$$

微型辐射燃烧器的燃烧效率表示燃料在燃烧器内的燃烧程度，计算如下：

$$\eta = \left(1 - \frac{Y_{H_2,out}}{Y_{H_2,in}}\right) \times 100\% \tag{2-26}$$

式中　$Y_{H_2,in}$，$Y_{H_2,out}$——入口及出口氢气的质量分数。

2.3　气体辐射模型评估

辐射换热的正确求解与燃烧过程的准确数值模拟密切相关。辐射换热的准确预测很大程度上取决于参与性介质的非灰辐射特性的准确计算，其中参与性气体（如 H_2O 和 CO_2）的吸收系数随波长剧烈变化，因此在耦合流动、燃烧、传热一体化数值模拟中辐射换热的预测十分复杂。辐射换热需要考虑参与性介质的非灰辐射特性以及辐射传热的全场性及耦合性的特点。高温气体辐射特性的高精度计算模型，例如逐线计算法（LBL，line-by-line）和统计窄谱带（SNB，statistical narrow band）模型，通常计算量较大且耗时长，不适用于全局 CFD（computational fluid dynamics，计算流体动力学）模拟。而 WSGG 模型作为一种兼具计算效率和计算精度的光谱模型，已经被广泛应用于 CFD 数值模拟中。

近年来，为提高 WSGG 模型的计算精度，学界提出了一些新的 WSGG 模型参数，如表 2-2 所列（1 bar＝0.986 9 atm）。但是，目前还缺乏对这些模型参数适用性及可靠性的全面性比较和评估。因此，该部分工作基于非等温非均匀火焰以及 600 kW 燃气炉，采用解耦计算与耦合计算来评估 WSGG 模型，为实际应用选择提供理论依据。同时，为后面深入研究微型辐射燃烧器内耦合传热过程随尺度的变化以及辐射换热对火焰结构影响提供支持。

表 2-2　WSGG 模型参数总结

时间	研究者	温度/K	摩尔比	压力路径长度/(atm·m)	参考模型
2018	Shan 等[197]	500～2 500	0.125～4.000	1～30 bar，0.001～60.000 m	EM2C SNB
2017	Shan 等[198]	400～2 500	0.125～2.000	5、10、15 bar，0.1～20.0 m	EM2C SNB
2015	Guo 等[199]	600～2 500	0.05～2.00	—	FSK①
2014	Cassol 等[200]	400～2 500	—	0.001～10.000	LBL
2014	Bordbar 等[201]	300～2 400	0.1～4.0	0.01～60.00	LBL
2013	Krishnamoorthy 等[202]	—	0.11、0.50、1.00、2.00	—	RADCAL SNB
2013	Yin[203]	500～3 000	0.05、1.00、2.00	0.001～60.000	EWBM②
2013	Dorigon 等[204]	400～2 500	1、2	0.001～10.000	LBL
2012	Kangwanpongpan 等[205]	400～2 500	0.125～4.000	0.001～60.000	LBL
2011	Johansson 等[206]	500～2 500	0.125～2.000	0.01～60.000	EM2C SNB

表 2-2(续)

时间	研究者	温度/K	摩尔比	压力路径长度/(atm·m)	参考模型
2010	Yin 等[207]	500～3 000	0.125、0.250、0.500、0.750、1.000、2.000、4.000	0.001～60.000	EWBM
2010	Johansson 等[208]	500～2 500	0.125、1.000	0.01～60.00	EM2C SNB
2010	Krishnamoorthy 等[209]	1 000、1 500、2 000	0.5、1.0、2.0、3.0	—	RADCAL③

注:① FSK:全光谱 k 分布(full spectrum k-distribution)。

② EWBM:指数宽谱带模型(exponential wide band model)。

③ RADCAL:一个计算程序的命名。

H_2O 和 CO_2 通常是燃烧产物中最主要的气体辐射参与性介质,其辐射也占据主要部分,因此对于气体辐射的计算一般也只考虑这两种组分。WSGG 模型最初由 Hottel 和 Sarofim[210] 提出,混合气体的总发射率 ε'_t 由几种灰气体及透明气体加权得到[210]:

$$\varepsilon'_t = \sum_{i=0}^{N_g} a_i \{1 - \exp[-\kappa_{pi} L p_t (X_{H_2O} + X_{CO_2})]\} \tag{2-27}$$

式中 N_g ——灰气体个数;

L ——路径长度,m;

p_t ——气体混合物的总压力,Pa;

X_{H_2O},X_{CO_2} ——H_2O 和 CO_2 的摩尔分数。

每种灰气体特定光谱区间段耦合压力项的吸收系数,由 κ_{pi} 表示,单位 $(atm \cdot m)^{-1}$,其对应的光谱区间占比黑体辐射的权重因子为 a_i。透明气体 $\kappa_0 = 0$ 是光谱中不发射部分的吸收系数。此外,包括透明气体在内的权重因子总和为 1。通常,权重因子取决于温度,吸收系数取决于混合气体组分。但是,在实际燃烧系统中 H_2O 和 CO_2 的浓度分布不均匀,并且二者摩尔比 M_r($M_r = X_{H_2O}/X_{CO_2}$)在燃烧空间内也剧烈变化。因此,为了提高 WSGG 模型参数的精度,权重因子 a_i 的计算不仅考虑温度,还考虑 H_2O 和 CO_2 的摩尔比:

$$a_i = \sum_{j=1}^{J} c_{i,j} \, (T/T_{ref})^{j-1} \quad i = 1,2,\cdots,N_g \tag{2-28a}$$

$$c_{i,j} = C_{0,i,j} + C_{1,i,j}M_r + C_{2,i,j}M_r^2 + \cdots + C_{K,i,j}M_r^K \tag{2-28b}$$

式中　T_{ref}——参考温度，K；

J,K——多项式阶数；

$C_{K,i,j}$——多项式系数。

吸收系数 κ_i 取决于 H_2O 和 CO_2 的摩尔比：

$$\kappa_i = K_{0,S} + K_{1,S}M_r + K_{2,S}M_r^2 + \cdots + K_{I,S}M_r^S \tag{2-29}$$

式中　S——多项式阶数；

$K_{I,S}$——多项式的系数。

对于 WSGG 模型的处理，通常有两种方法，其中一种是灰体近似处理方法(gray WSGG)，即求解辐射传递方程时，仅用一个平均吸收系数代替光谱吸收系数，此时辐射传递方程仅求解一次即可获得总的辐射强度场 I：

$$\frac{\mathrm{d}I}{\mathrm{d}s} = \kappa_{\mathrm{mean}}(I_b - I) \tag{2-30}$$

式中　I_b——黑体辐射强度，W/(m^2 · sr)。

平均吸收系数 κ_{mean} 通过总发射率和平均路径长度($\overline{L}$)来求解：

$$\kappa_{\mathrm{mean}} = -\frac{\ln(1-\varepsilon'_t)}{\overline{L}} \tag{2-31}$$

式中平均路径长度 $\overline{L}$ 定义如下[211]：

$$\overline{L} = 3.6\,\frac{V}{A} \tag{2-32}$$

式中　V——计算域体积，m^3；

A——总表面积，m^2。

因此，基于灰体近似处理的 WSGG 模型，辐射热流密度 q_{rad} 与辐射源项 S_{rad} 可以通过式(2-33)确定：

$$q_{\mathrm{rad}} = \int_{\cos\alpha<0} I\cos\alpha\,\mathrm{d}\Omega \tag{2-33a}$$

$$S_{\mathrm{rad}} = \int_{\Omega=4\pi} (\kappa_{\mathrm{mean}} I - \kappa_{\mathrm{mean}} I_b)\,\mathrm{d}\Omega \tag{2-33b}$$

式中　α——壁面法线方向和辐射强度方向的夹角，(°)。

另一种方法是非灰处理方法(non-gray WSGG)，该方法需要求解每种灰气体以及透明气体的 RTE，因此 RTE 需要求解(N_g+1)次，总辐射强度为各个气体计算的辐射强度 I_i 的总和：

$$\frac{\mathrm{d}I_i}{\mathrm{d}s} = \kappa_i(a_i I_b - I_i) \tag{2-34a}$$

$$I = \sum_{i=0}^{N_g} I_i \tag{2-34b}$$

式中　κ_i——特定光谱区间段的吸收系数，m^{-1}。

因此，基于非灰处理的 WSGG 模型，辐射热流密度与辐射源项可以通过式(2-35)确定：

$$q_{rad} = \int_{\cos\alpha<0} \sum_i I_i \cos\alpha \mathrm{d}\Omega \tag{2-35a}$$

$$S_{rad} = \int_{\Omega=4\pi} \sum_i (\kappa_i I_i - \kappa_i a_i I_b) \mathrm{d}\Omega \tag{2-35a}$$

2.3.1 解耦计算

通常，在真实的燃烧场景中温度场和组分场的变化十分剧烈，因此有必要选取一个真实的非等温非均匀的火焰去评估 WSGG 气体模型的准确性。LBL 被认为是计算气体非灰辐射特性最准确的模型，因此在解耦计算时将 LBL 结果作为基准解。同时采用 DOM 求解辐射传递方程，计算参与性气体辐射换热的辐射源项以及辐射热流密度分布，DOM 采用 S8 积分格式进行角度离散。解耦计算采用 Fortran 语言编写计算代码。

本节采用 Centeno 等[212]计算并拟合的一个乙烯(50%体积的水稀释)-空气燃烧的真实火焰，全局的 H_2O 与 CO_2 的摩尔比为 1.5，但是不同位置处 H_2O 与 CO_2 的摩尔比也在剧烈变化。乙烯同轴射流燃烧器的具体描述如下：燃烧器中心为燃料入口，半径为 5.55×10^{-3} m，燃料入口周围为空气环流。计算域的长度为 0.35 m，半径为 0.054 3 m。该小火焰首先通过 CFD 模拟获得温度场以及组分分布，然后采用拟合方法获得温度场和组分分布的相关代数关系式如下[212]：

温度场：

$$T(\bar{r}_1,\bar{z}) = \begin{cases} T_{cl}(\bar{z}) \begin{pmatrix} 1.01236 - 0.267311\times\bar{r}_1 + 2.741739\times\bar{r}_1^{\ 2} \\ -13.64941\times\bar{r}_1^{\ 3} + 17.85909\times\bar{r}_1^{\ 4} \\ -9.148985\times\bar{r}_1^{\ 5} + 1.617152\times\bar{r}_1^{\ 6} \end{pmatrix}, \bar{r}_1 < 1 \\ 300, \bar{r}_1 \geqslant 1 \end{cases} \tag{2-36}$$

式中，$T_{cl}(\bar{z})$ 是中心线温度分布，计算如下：

$$T_{cl}(\bar{z}) = 300\times \begin{pmatrix} 0.9951203 + 62.52569\times\bar{z} - 62.43147\times\bar{z}^2 \\ -1366.26\times\bar{z}^3 + 6661.743\times\bar{z}^4 - 14352.69\times\bar{z}^5 \\ +16542.45\times\bar{z}^6 - 9903.699\times\bar{z}^7 + 2420.033\times\bar{z}^8 \end{pmatrix} \tag{2-37}$$

式中，$\bar{z}$ 和 $\bar{r}_1$ 分别为无量纲轴向位置和无量纲径向位置，$\bar{z}=z/L$ 和 $\bar{r}_1=r/R_1$，其中 $L=0.35$ m，$R_1=0.011$ m。

H_2O 摩尔分数场：

$$Y_w(\bar{r}_2,\bar{z})=\begin{cases}Y_{w,cl}(\bar{z})\begin{pmatrix}1.454\,789+0.086\,415\,45\times\bar{r}_2-2.827\,826\times\bar{r}_2^{\,2}\\-5.284\,96\times\bar{r}_2^{\,3}+14.066\,66\times\bar{r}_2^{\,4}\\-9.568\,165\times\bar{r}_2^{\,5}+2.111\,913\times\bar{r}_2^{\,6}\end{pmatrix},\bar{r}_2<1\\0,\bar{r}_2\geqslant 1\end{cases}\tag{2-38}$$

式中，$Y_{w,cl}(\bar{z})$ 是中心线 H_2O 摩尔分数分布，计算如下：

$$Y_{w,cl}(\bar{z})=\begin{cases}\begin{pmatrix}0.495\,73+3.891\,65\times\bar{z}-1\,511.405\times\bar{z}^2\\+64\,574.04\times\bar{z}^3-1\,210\,629\times\bar{z}^4\\+10\,695\,030\times\bar{z}^5-3\,627\,4500\times\bar{z}^6\end{pmatrix},\bar{z}<3/35\\\begin{pmatrix}0.207\,64-0.904\,575\times\bar{z}+1.975\,925\times\bar{z}^2\\-1.989\,357\times\bar{z}^3+0.742\,269\,2\times\bar{z}^4\end{pmatrix},\bar{z}\geqslant 3/35\end{cases}\tag{2-39}$$

式中，$\bar{r}_2$ 为无量纲径向位置，$\bar{r}_2=r/R_2$，其中 $R_2=0.013$ m。

CO_2 摩尔分数场：

$$Y_c(\bar{r}_3,\bar{z})=\begin{cases}Y_{c,cl}(\bar{z})\begin{pmatrix}0.686\,973-0.073\,371\,74\times\bar{r}_3-0.921\,733\,3\times\bar{r}_3^{\,2}\\-5.251\,269\times\bar{r}_3^{\,3}+12.603\,76\times\bar{r}_3^{\,4}\\-9.392\,029\times\bar{r}_3^{\,5}+2.357\,566\times\bar{r}_3^{\,6}\end{pmatrix},\bar{r}_3<1\\0,\bar{r}_3\geqslant 1\end{cases}\tag{2-40}$$

式中，$\bar{r}_3$ 为无量纲径向位置，$\bar{r}_3=r/R_3$，其中 $R_3=0.012$ m；$Y_{c,cl}(\bar{z})$ 是中心线 CO_2 摩尔分数分布，计算如下：

$$Y_{c,cl}(\bar{z})=\begin{pmatrix}-0.003\,003\,867+3.507\,622\times\bar{z}-24.869\,92\times\bar{z}^2\\+78.837\,45\times\bar{z}^3-138.109\,4\times\bar{z}^4+142.595\,5\times\bar{z}^5\\-87.218\,74\times\bar{z}^6+30.064\,71\times\bar{z}^7-4.762\,176\times\bar{z}^8\end{pmatrix}\tag{2-41}$$

该火焰的温度场分布以及燃烧产物 H_2O 和 CO_2 的摩尔分数分布如图 2-1 所示。从图中可以看到温度最大值约为 2 150 K，最大的 H_2O 摩尔分数位置在入口处，而最大的 CO_2 摩尔分数位置则位于距入口下游大约 0.05 m 处的中心轴线上。这种不均匀的分布有利于气体辐射模型的准确性验证。

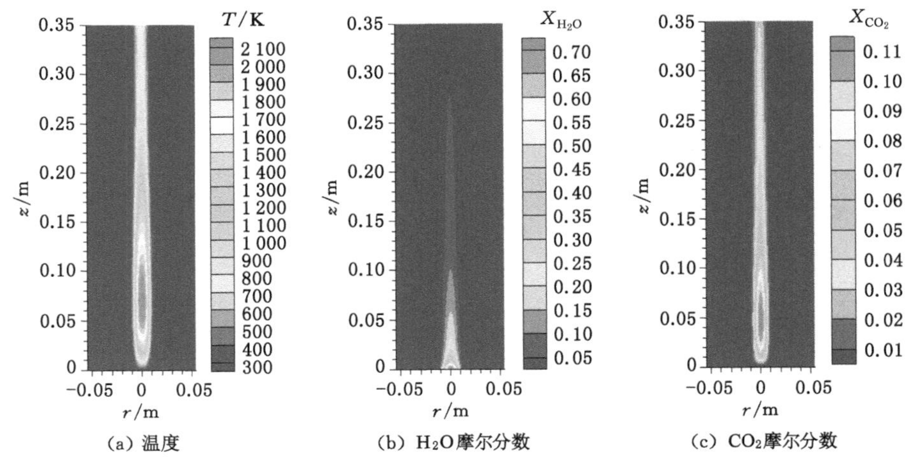

(a) 温度 (b) H_2O摩尔分数 (c) CO_2摩尔分数

图 2-1 温度及组分分布云图

为了评估 WSGG 模型参数的准确性，本研究将基于 HITEMP（高温分子光谱）2010 数据库采用 LBL 计算的结果命名为 LBL；Shan 等[197]提出的 WSGG 模型参数命名为 Shan（2018）；Guo 等[199]提出的 WSGG 模型参数命名为 Guo（2015）；Bordbar 等[201]提出的 WSGG 模型参数命名为 Bordbar（2014）；Krishnamoorthy 等[202]提出的 WSGG 模型参数命名为 Krishnamoorthy（2013）；Yin[203]提出的 WSGG 模型参数命名为 Yin（2013）；Kangwanpongpan 等[205]提出的 WSGG 模型参数命名为 Kangwanpongpan（2012）；Johansson 等[206]提出的 WSGG 模型参数命名为 Johansson（2011）；Yin 等[207]提出的 WSGG 模型参数命名为 Yin（2010）；由 Smith 等[213]提出的 WSGG 模型参数被广泛应用于 CFD 软件中，因此该部分工作也将该模型考虑在内，命名为 Smith（1982）。

与 LBL 基准解相比，不同模型的误差采用归一化相对误差表示，公式（2-42）分别给出了辐射热流密度和辐射源项的误差计算方法：

$$\delta_q = \frac{|q_{\text{rad,WSGG}} - q_{\text{rad,LBL}}|}{\max|q_{\text{rad,LBL}}|} \times 100\% \tag{2-42a}$$

$$\delta_S = \frac{|S_{\text{rad,WSGG}} - S_{\text{rad,LBL}}|}{\max|S_{\text{rad,LBL}}|} \times 100\% \tag{2-42b}$$

式中 $q_{\text{rad,WSGG}}$，$q_{\text{rad,LBL}}$——采用 WSGG 模型和采用 LBL 计算得到的辐射热流密度，kW/m^2；

$S_{\text{rad,WSGG}}$，$S_{\text{rad,LBL}}$——采用 WSGG 模型和采用 LBL 计算得到的辐射源项，kW/m^3。

图 2-2 给出了采用非灰处理 WSGG 模型计算的沿中心轴线上的辐射源项分布、半径为 0.054 3 m 的圆柱表面上的辐射热流密度分布及其对应的归一化相对误差大小分布。从图 2-2(a)、(c)中可以清楚地看到，相较于 LBL 计算结果，Guo(2015)计算的辐射源项和辐射热流密度结果存在较大误差，这种情况可能是由于该模型的开发基于富氧燃烧条件(CO_2 和 H_2O 的总摩尔比均大于 0.8)。因此，该模型适用于富氧燃烧条件，空气燃烧模拟中可能存在较大误差。其他的非灰处理 WSGG 模型计算结果与 LBL 计算结果相比误差较小。其中，Krishnamoorthy(2013)、Yin(2013)、Yin(2010)和 Smith(1982)计算的辐射源项结果中存在非物理振荡现象。这种现象归因于这些 WSGG 模型参数是针对某几个固定的摩尔比所建立的，并且采用插值方法来处理其他的摩尔比。此外，该火焰采用 50%体积的水稀释燃料，从而导致 H_2O 与 CO_2 的摩尔比随位置发生急剧变化，在一定程度上阻碍了模型的准确计算。如图 2-2(b)、(d)所示，除了 Guo(2015)和 Yin(2010)的计算结果外，其他模型计算的辐射热流密度和辐射源项的归一化相对误差几乎都小于 10%。

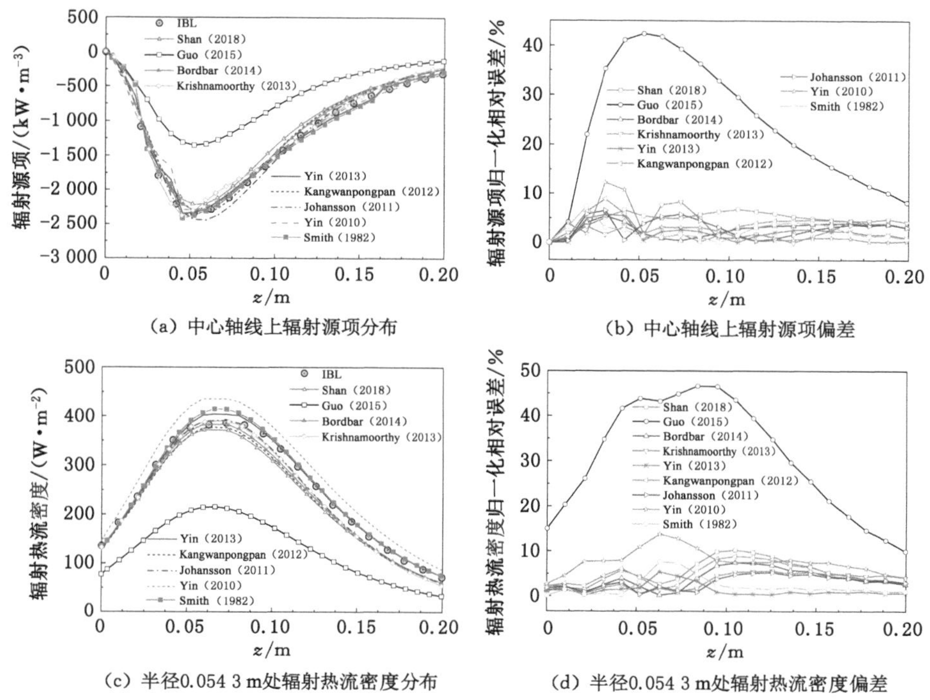

图 2-2　非灰处理 WSGG 模型计算结果

表 2-3 列出了非灰处理 WSGG 模型计算的辐射源项和辐射热流密度的最大偏差及平均偏差。其中，在辐射源项最大偏差方面，Bordbar(2014)模型最小，为 5.44%；在辐射热流密度最大偏差方面，Johansson(2011)模型最小，为 5.30%。而在辐射源项和辐射热流密度的平均偏差方面，Yin(2013)模型均最小，分别为 2.14%和 1.44%。

表 2-3　辐射源项和辐射热流密度的最大偏差及平均偏差

WSGG 模型	非灰处理				灰处理			
	$\delta_{S,\max}$/%	$\delta_{S,\text{avg}}$/%	$\delta_{q,\max}$/%	$\delta_{q,\text{avg}}$/%	$\delta_{S,\max}$/%	$\delta_{S,\text{avg}}$/%	$\delta_{q,\max}$/%	$\delta_{q,\text{avg}}$/%
Shan(2018)	6.81	4.66	10.22	5.30	31.50	15.04	25.31	16.45
Guo(2015)	42.39	23.62	46.66	30.48	45.55	24.78	48.60	31.94
Bordbar(2014)	5.44	2.80	7.44	3.83	30.74	14.38	23.80	15.71
Krishnamoorthy(2013)	8.31	2.97	5.65	3.34	39.06	17.65	29.49	19.41
Yin(2013)	5.78	2.14	5.41	1.44	30.51	14.88	26.54	16.74
Kangwanpongpan(2012)	8.92	3.46	8.86	4.86	29.78	13.86	23.70	15.50
Johansson(2011)	6.59	3.01	5.30	3.04	30.13	14.03	24.68	16.08
Yin(2010)	12.33	2.43	14.50	8.06	31.79	14.96	24.83	15.87
Smith(1982)	7.30	2.32	7.61	2.32	35.53	16.91	28.52	17.21

注：$\delta_{S,\max}$为辐射源项的最大偏差；$\delta_{S,\text{avg}}$为辐射源项的平均偏差；$\delta_{q,\max}$为辐射热流密度的最大偏差；$\delta_{q,\text{avg}}$为辐射热流密度的平均偏差。

图 2-3 给出了采用灰处理 WSGG 模型计算的沿中心轴线上的辐射源项分布、半径为 0.054 3 m 的圆柱表面上的辐射热流密度分布及其对应的归一化相对误差大小分布。

如图 2-3 所示，灰处理 WSGG 模型计算结果与基准解相比均存在较大误差。灰处理 WSGG 模型计算的辐射源项和辐射热流密度的最大偏差及平均偏差在表 2-3 中列出。采用灰处理时，Shan(2018)、Bordbar(2014)、Yin(2013)、Kangwanpongpan(2012)、Johansson(2011)和 Yin(2010)的计算结果差异较小，并且其误差均小于 Smith(1982)。此外，采用灰处理时，Kangwanpongpan(2012)模型计算精度最高，因为该模型计算的辐射源项和辐射热流密度的最大偏差及平均偏差均最小。与非灰处理相比，灰处理 WSGG 模型计算结果误差较大。基于上述分析，为了准确模拟辐射换热，建议采用非灰处理的 WSGG 模型计算。

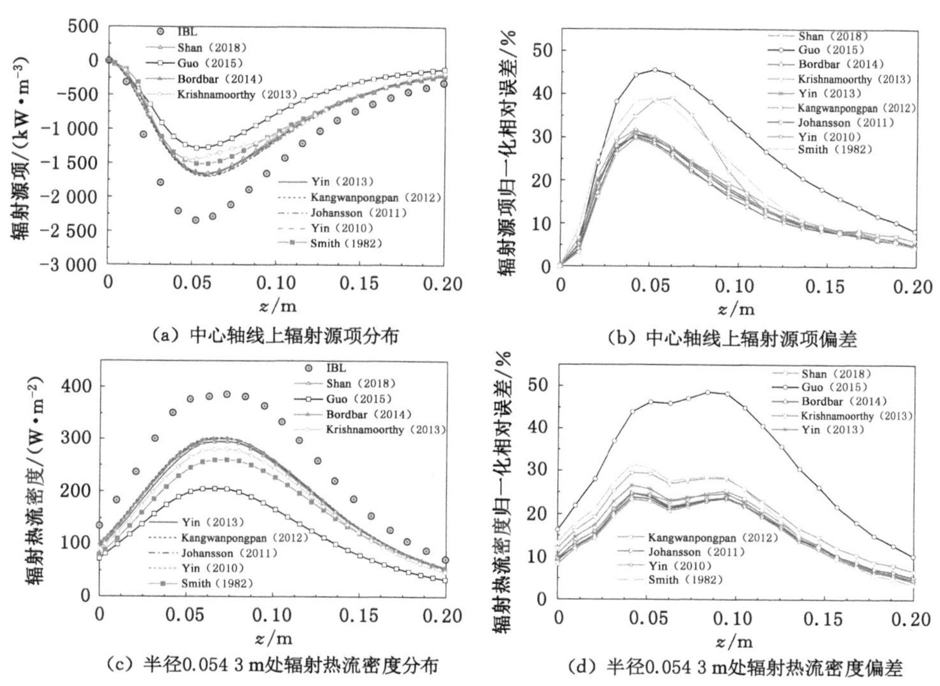

图 2-3　灰处理 WSGG 模型计算结果

2.3.2　耦合 CFD 计算

为了评估不同 WSGG 模型在 CFD 燃烧模拟计算中的适用性与可靠性，本书将这些 WSGG 模型参数应用于 CFD 燃烧模拟过程中，对一个 600 kW 的燃气炉展开燃烧模拟计算，并对比计算结果与实验测量值以确定误差大小。图 2-4 所示为一个 600 kW 的燃气炉[214]的燃烧室几何形状。燃气炉的长度为 1.7 m，半

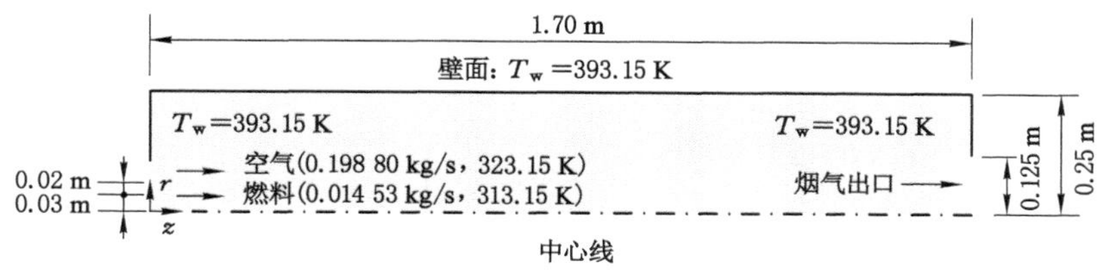

图 2-4　燃烧室几何形状

90%质量分数的甲烷和10%质量分数的氮气，空气沿着外径为0.05 m的环形管道送入燃烧室。CFD燃烧模拟计算采用的模型及边界条件如下：入口燃料的质量流量为0.014 53 kg/s，空气的质量流量为0.198 80 kg/s。入口燃料的温度为313.15 K，空气的温度为323.15 K。燃气炉壁面温度固定为393.15 K，操作压力为101 325 Pa。燃料入口湍流强度与湍流尺度分别是10%和0.03 m；空气入口湍流强度与湍流尺度分别是6%和0.04 m。燃气炉壁面采用无滑移边界条件，并且假定壁面为黑体[215]。

采用重整化群（renormalization group，RNG）k-ε 湍流模型和有限速率/涡耗散（FR/ED，finite-rate/eddy-dissipation）模型求解湍流流动及化学反应，运用离散坐标法求解辐射传递方程，上述方法已经被da Silva等[215]证实在对该燃气炉的模拟预测中是可靠的。为了评估不同WSGG模型的适用性及可靠性，在CFD模拟中，除了WSGG模型参数变化外，其他模型以及边界条件等参数均保持不变，CFD计算模型与边界条件如表2-4所列。在本节中，WSGG模型参数通过自定义函数（UDF，user defined function）加载至Fluent软件中。

表2-4 计算模型与边界条件设置

参数	模型与方法
流动模型	RNG k-ε 湍流模型
化学反应模型	基于两步反应机理的有限速率/涡耗散模型 $CH_4+1.5O_2=CO+2H_2O$：其中 $A_r=2.8\times10^{12}$，$\beta_r=0$，$E_r=2.03\times10^8$ J/kmol $CO+0.5O_2=CO_2$：其中 $A_r=2.91\times10^{12}$，$\beta_r=0$，$E_r=1.67\times10^8$ J/kmol
辐射传递方程	离散坐标法
燃料入口条件	组分：90% CH_4+10% N_2（按照质量分数） 质量流量：0.014 53 kg/s 入口温度：313.15 K 湍流强度：10% 湍流尺度：0.03 m
空气入口条件	组分：23% O_2+76% N_2+1% H_2O（按照质量分数） 质量流量：0.198 80 kg/s 入口温度：323.15 K 湍流强度：6% 湍流尺度：0.04 m
壁面	壁面温度393.15 K，无滑移边界条件，发射率1.0

由于 Fluent 软件中 WSGG 模型使用的是 Smith 等[213]的模型参数的灰处理方法，因此将 Fluent 软件计算结果命名为 Smith(CFD)。图 2-5 给出了数值模拟计算的温度分布结果以及实验测量温度值[216]，模拟计算包含了不考虑辐射作用模型的计算结果(No radiation)、采用 Smith(CFD)模型的计算结果以及采用灰处理 WSGG 模型的计算结果。表 2-5 列出了不考虑辐射作用模型、采用 Smith(CFD)模型和灰处理 WSGG 模型计算的温度与实验值间的平均归一化误差，$\mathrm{err}(T)=\frac{1}{N}\sum_{i=1}^{N}|T_{\exp,i}-T_{\mathrm{num},i}|/T_{\exp,\max}\times 100\%$，式中 $T_{\exp}$ 为实验测量温度，T_{num} 为模型计算温度，N 为实验测量点的个数。总误差是所有测量点归一化误差的平均值。当不考虑辐射作用时，计算结果(No radiation 曲线)误差最大，总误差为 11.73%，如图 2-5 所示，不考虑辐射作用计算的温度分布明显高于实验测量值，即不考虑辐射作用会过高地预测炉内温度分布。此外，不考虑辐射作用计算的温度分布也明显大于灰处理 WSGG 模型计算的温度分布。从整体温

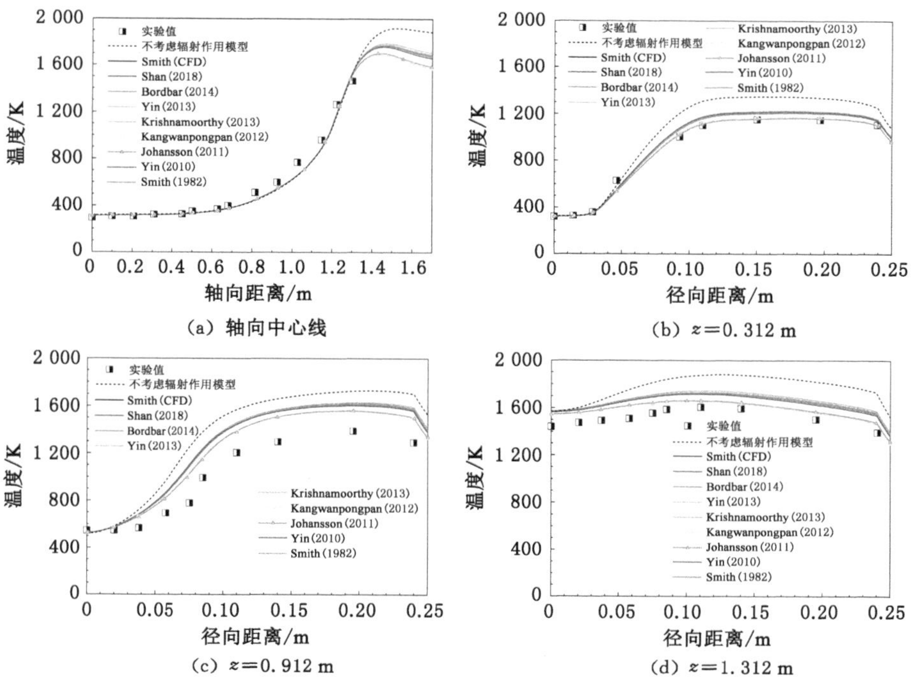

图 2-5　不考虑辐射作用模型、采用 Smith(CFD)模型和灰处理 WSGG 模型计算的温度分布与实验测量结果对比

度场分布角度来看，采用灰处理 WSGG 模型计算时会过高地预测火焰温度分布。由表 2-5 可知，当采用灰处理 WSGG 模型时，Kangwanpongpan(2012) 和 Johansson(2011) 的预测结果与实验值之间的误差较小，总体误差分别为 4.94% 和 4.91%，对应于图 2-5 中，Kangwanpongpan(2012) 和 Johansson(2011) 的温度分布明显低于其他 WSGG 模型计算的温度分布。其他 WSGG 模型的总误差之间的差异较小，总误差均约为 7%。

表 2-5 不考虑辐射作用模型、采用 Smith(CFD) 模型和灰处理 WSGG 模型计算的温度与实验值间的平均归一化误差

模型	中心线处误差/%	$z=0.312$ m 时误差/%	$z=0.912$ m 时误差/%	$z=1.312$ m 时误差/%	总误差/%
不考虑辐射作用模型	3.01	9.47	20.06	14.35	11.73
Smith(CFD)	2.71	3.54	13.27	8.06	6.89
Shan(2018)	2.69	3.82	13.64	8.39	7.13
Bordbar(2014)	2.68	3.62	13.42	8.17	6.97
Yin(2013)	2.71	3.82	13.62	8.42	7.14
Krishnamoorthy(2013)	2.73	4.37	14.30	9.00	7.60
Kangwanpongpan(2012)	2.67	1.90	10.62	4.55	4.94
Johansson(2011)	2.66	1.61	10.46	4.92	4.91
Yin(2010)	2.75	3.80	13.29	7.54	6.85
Smith(1982)	2.71	3.52	13.25	8.00	6.87

图 2-6 给出了不考虑辐射作用模型、采用 Smith(CFD) 模型和非灰处理 WSGG 模型计算的燃气炉内温度分布云图。图 2-7 给出了采用 Smith(CFD) 模型和非灰处理 WSGG 模型计算的温度值与实验测量温度值的分布情况。

由图 2-6 和图 2-7 可知，非灰处理的 WSGG 模型预测的辐射源项高于灰处理 WSGG 模型预测的辐射源项，因此燃气炉内的辐射换热较高，导致非灰处理 WSGG 模型计算的温度分布明显低于 Smith(CFD) 模型计算的温度分布。表 2-6 列出了采用 Smith(CFD) 模型和非灰处理 WSGG 模型计算的温度值与实验值之间的平均归一化误差。非灰处理 WSGG 模型计算的温度误差明显小于 Smith(CFD) 模型计算的温度误差。与实验值相比，非灰处理 WSGG 模型中的 Bordbar(2014)、Krishnamoorthy(2013) 和 Shan(2018) 的总误差较小，分别为 3.01%，3.03% 和 3.05%。

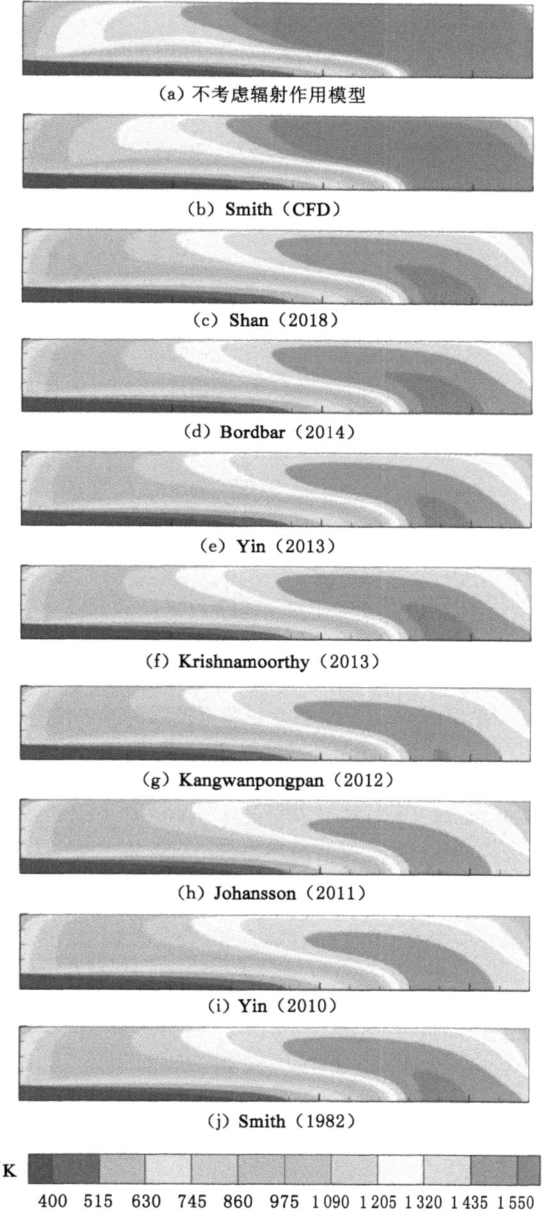

图 2-6　不考虑辐射作用模型、采用 Smith(CFD)模型和非灰处理 WSGG 模型计算的温度分布图

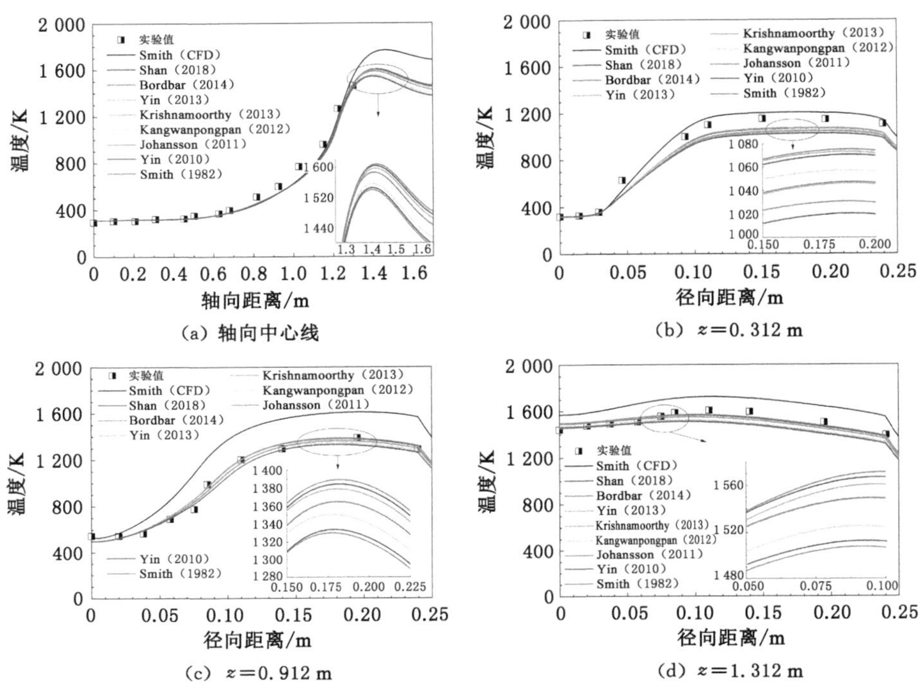

(a) 轴向中心线 (b) $z=0.312$ m

(c) $z=0.912$ m (d) $z=1.312$ m

图 2-7 采用 Smith(CFD)模型和非灰处理 WSGG 模型计算的温度分布与实验测量结果对比

表 2-6 采用 Smith(CFD)模型和非灰处理 WSGG 模型计算的温度值与实验值间的平均归一化误差

WSGG 模型	中心线处误差/%	$z=0.312$ m 时误差/%	$z=0.912$ m 时误差/%	$z=1.312$ m 时误差/%	总误差/%
Smith(CFD)	2.71	3.54	13.27	8.06	6.89
Shan(2018)	2.60	5.21	2.28	2.10	3.05
Bordbar(2014)	2.68	5.03	2.34	1.97	3.01
Yin(2013)	2.60	6.43	2.28	2.52	3.46
Krishnamoorthy(2013)	2.64	5.03	2.27	2.17	3.03
Kangwanpongpan(2012)	2.81	5.79	2.41	2.93	3.49
Johansson(2011)	2.99	7.05	2.86	3.77	4.17
Yin(2010)	2.79	7.62	2.80	3.49	4.17
Smith(1982)	2.60	6.37	2.28	2.52	3.44

表 2-7 给出了不同 WSGG 模型计算的火焰峰值温度，灰处理 WSGG 模型计算温度为 T_{Gray}，非灰处理 WSGG 模型计算温度为 $T_{Non\text{-}gray}$。由表 2-7 可以看出，忽略辐射作用时计算的火焰峰值温度最大，为 1 914.9 K。当采用灰处理 WSGG 模型计算时，Kangwanpongpan(2012)模型计算的火焰峰值温度最低，为 1 691.2 K，而 Krishnamoorthy(2013)模型计算的火焰峰值温度最高，为 1 787.6 K。与灰处理 WSGG 模型计算结果相比，当采用非灰处理 WSGG 模型计算时，相应的火焰峰值温度可降低 135.6～212.7 K。

表 2-7　不同 WSGG 模型计算的最大火焰温度

模型	T_{Gray}/K	$T_{Non\text{-}gray}$/K	($T_{Gray}-T_{Non\text{-}gray}$)/K
不考虑辐射作用模型	1 914.9	—	—
Smith(CFD)	1 767.7	—	—
Shan(2018)	1 773.2	1 603.4	169.8
Bordbar(2014)	1 768.5	1 607.8	160.7
Yin(2013)	1 774.6	1 585.5	189.1
Krishnamoorthy(2013)	1 787.6	1 596.1	191.5
Kangwanpongpan(2012)	1 691.2	1 555.6	135.6
Johansson(2011)	1 702.0	1 539.8	162.2
Yin(2010)	1 757.9	1 545.2	212.7
Smith(1982)	1 766.5	1 586.0	180.5

图 2-8 展示了采用 Smith(CFD)模型和非灰处理 WSGG 模型计算的中心轴线上的辐射源项和壁面上的辐射热流密度大小分布。由图 2-8(a)可见，非灰处理 WSGG 模型预测的辐射源项绝对值高于 Smith(CFD)模型预测的辐射源项，WSGG 模型的非灰处理计算方法增强了燃气炉内的辐射换热，从而降低了火焰温度。由图 2-8(b)可以看出，Smith(CFD)模型计算的峰值辐射热流密度最小，约为 80 kW/m^2；而 Johansson(2011)模型的非灰处理计算的峰值辐射热流密度最大，约为 130 kW/m^2。上述差异表明采用 Smith(CFD)模型计算时，可能会低估壁面的辐射热流密度。因此，选取合适的辐射模型与正确预测壁面的辐射热流密度密切相关。

综上所述，WSGG 模型的灰处理和非灰处理对辐射换热的计算精度有较大的影响。为了准确预测辐射热，建议采用非灰处理 WSGG 模型代替灰处理 WSGG 模型。此外，通过耦合和非耦合计算分析发现，Bordbar(2014)的模型参

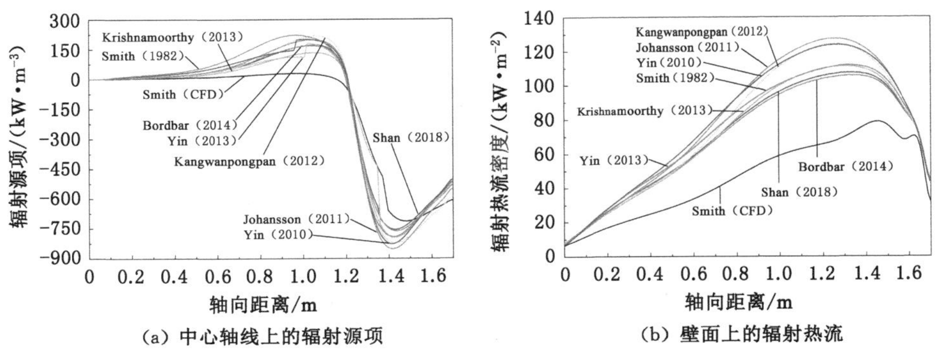

图 2-8　采用 Smith(CFD)模型和非灰处理 WSGG 模型计算的中心轴线上的辐射源项和壁面上的辐射热流密度

数的非灰处理方法在计算过程中精度较高,适用性较好。

2.4　实验系统与模型验证

2.4.1　实验系统与方法

采用新加坡国立大学搭建的实验台对微型辐射燃烧器壁面温度进行测量。如图 2-9 所示,该系统包括燃料与空气的供应及控制系统、燃烧系统以及测量系统。燃料与空气的供应及控制系统中,氢气被置于高压氢气瓶内。在实验过程中,氢气首先通过减压阀,减压后再由质量流量控制器(精度为量程的 1%)调整所需流量后送入混合室与氧化剂混合,其中氧化剂是由空气压缩机提供的空气,其流量也是被质量流量控制器(精度为量程的 1%)所控制。氢气以及空气的流量取决于二者混合物的入口速度与化学当量比。微型辐射燃烧器及电火花点火器构成燃烧系统。测量系统由一个非接触式温度计和一个高度调节装置组成。非接触式温度计为红外测温仪,型号为 MA2SCSF,精度为±(0.3%T+1) K(T 为温度测量值)。高度调节装置为高度计,精度为 0.001 mm,可调节温度计的高度,测量微型辐射燃烧器外壁面不同位置的温度。实验中采用的质量流量控制器、红外温度计以及高度计如图 2-10 所示。

实验方法如下:通过调整氢气和空气的质量流量来达到实验预先设定的入口速度及化学当量比,当流量达到稳定后再利用电火花点火器在微型辐射燃烧

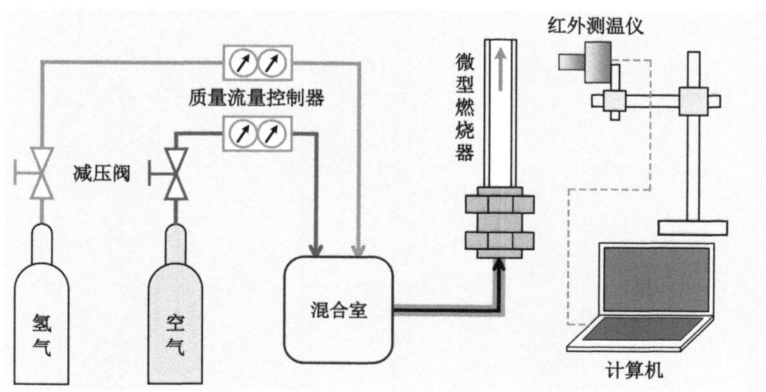

图 2-9　微尺度燃烧实验系统图

(a) 质量流量控制器

(b) 固定在高度计上的红外温度计

图 2-10　实验仪器

器出口将混合物点燃。当微型辐射燃烧器内火焰稳定后，通过调节非接触式温度计的高度，实现对微型辐射燃烧器壁面温度分布测量的目的。

2.4.2　模型验证

为了验证微尺度燃烧计算模型的准确性，本节选取了光滑微圆管、突扩型微圆管进行实验测量，并与数值计算结果进行对比；同时利用文献[217]中的带凹腔的微通道的实验数据与数值计算结果进行对比。几何结构如图 2-11 所示。

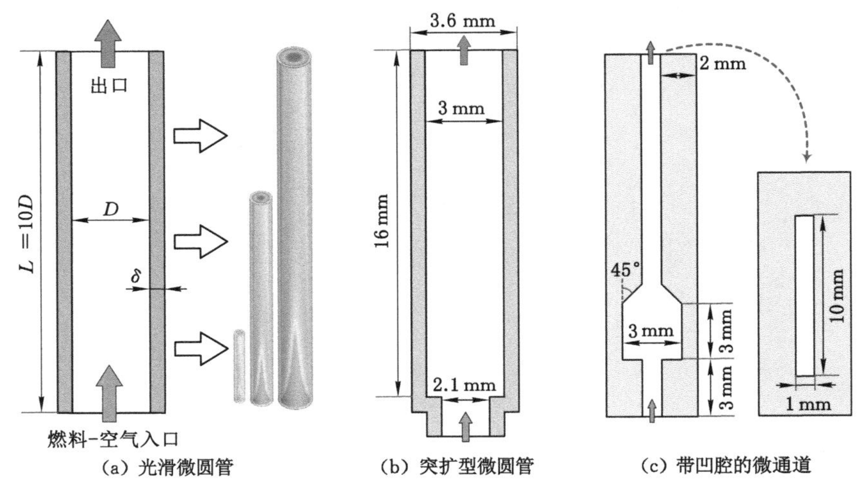

图 2-11　几何结构示意图

对于光滑微圆管，实验中采用的光滑微圆管直径 D 分别为 1 mm、3 mm 和 5 mm，壁面厚度均为 $\delta=0.5$ mm。光滑微圆管具有固定的长径比($L/D=10$)，且壁面材料为不锈钢。实验测量时，三个光滑微圆管的入口速度均为 5 m/s，入口氢气-空气混合物当量比均为 1.0。

对于突扩型微圆管，入口直径为 2.1 mm、出口直径为 3.0 mm、圆管长度为 16 mm、壁面厚度为 0.3 mm。突扩型微圆管的壁面材料为碳化硅。实验测量时，突扩型微圆管的入口速度均为 12 m/s，入口氢气-空气混合物当量比设为 0.7。

对于带凹腔的微通道，通道间隙为 1 mm、通道宽度为 10 mm、通道长度为 18 mm、壁面厚度为 2 mm。凹腔结构起于入口下游 3 mm 处、凹腔深度为 1 mm、凹腔长度为 3 mm、凹腔尾部倾斜面角度为 45°。带凹腔的微通道的壁面材料为石英。Wan 等[217]通过实验测量了不同入口速度下的微通道出口排气温度，入口氢气-空气混合物当量比固定为 0.3。

(1) 光滑微圆管验证

光滑微圆管外壁面温度分布的实验测量结果与数值模拟结果对比见图 2-12(图中无量纲长度为测点到入口处的距离 z 与微圆管直径 D 的比值)。从图 2-12 中可以看出，数值模拟结果与实验测量结果吻合较好。图 2-12 中直径分别为 1 mm、3 mm 和 5 mm 的光滑微圆管的数值模拟结果与实验测量结果之间的最大相对误差分别约为 4.4%、7.8%和 6.8%，而且最大误差位置主要位于燃烧器入口附近。造成该现象的主要原因是实验过程中燃烧器入口与送气管道连接处存在明显的热量损失，因此实验测量的入口附近的壁面温度明显低于数值模拟结果。此外，上述三个光滑微圆管的数值模拟结果和实验测量结果之间平均相对误差全部小于 3%，证明了本书数值模型的可靠性。

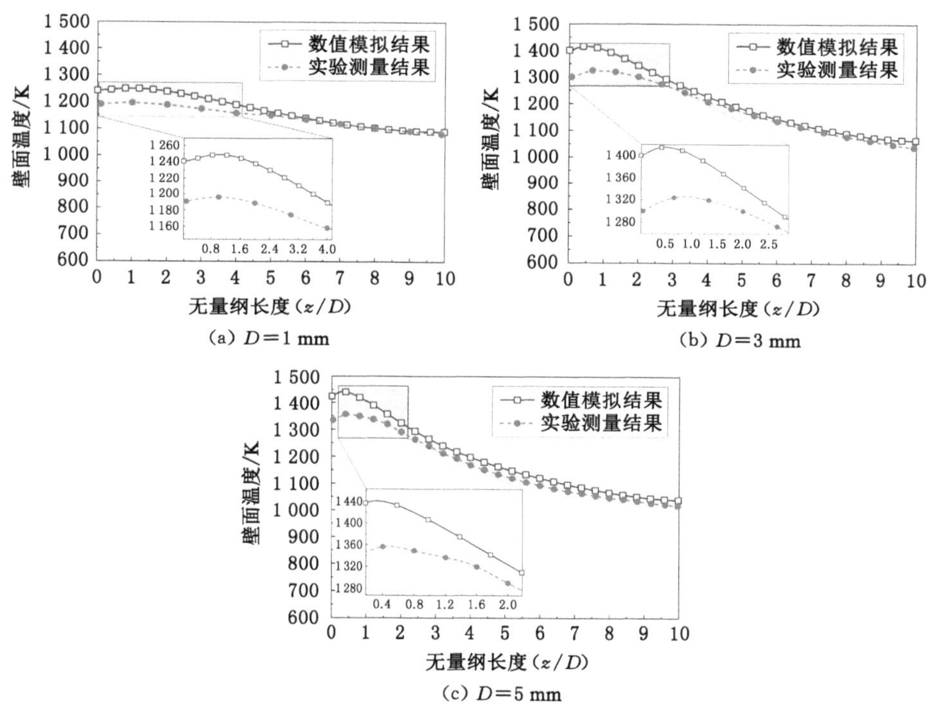

图 2-12　光滑微圆管外壁面温度分布的实验测量与数值模拟结果

（2）突扩型微圆管验证

突扩型微圆管外壁面温度及出口温度分布的实验测量结果与数值模拟结果对比见图 2-13。应该注意，数值模拟和实验测量的温度曲线具有相同变化趋势。图 2-13 中突扩型微圆管的外壁面温度和出口温度的数值模拟结果与实验测量结果之间的最大相对误差分别约为 5.6%和 5.9%，较小的误差说明数值模型的可靠性较高。

（3）带凹腔的微通道验证

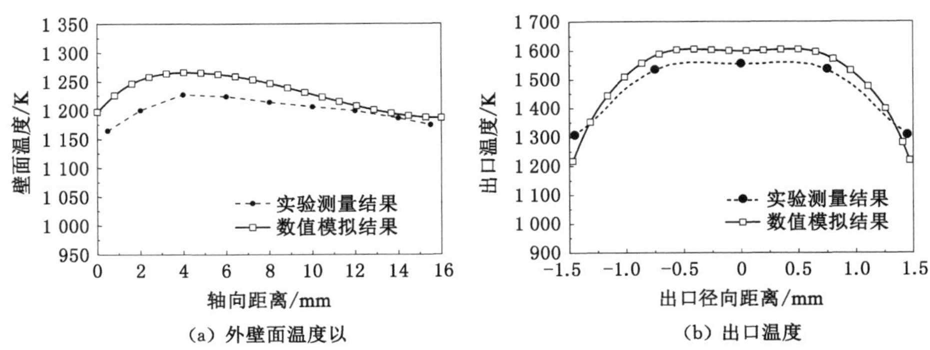

图 2-13　突扩型微圆管外壁面温度及出口温度分布的实验测量与数值模拟结果

带凹腔的微通道出口排气温度分布的实验测量结果与数值模拟结果对比见图 2-14。带凹腔的微通道出口排气温度的数值模拟结果和实验测量结果的最大相对误差约 10.5%，最小相对误差约 1.6%，而平均相对误差约 6.9%，表明数值模型的可靠性较好。

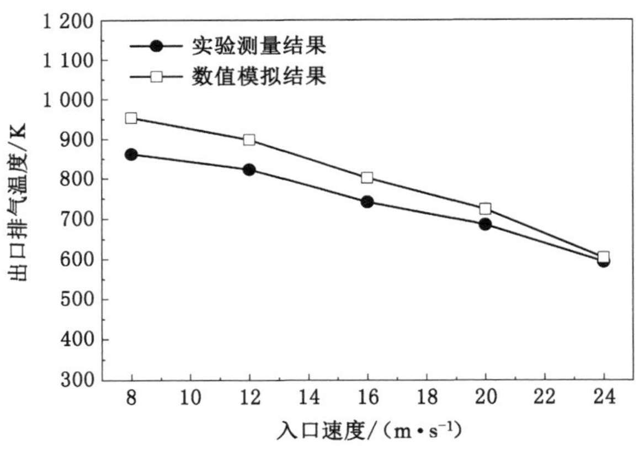

图 2-14　带凹腔的微通道出口排气温度分布的实验测量与数值模拟结果

2.5　本章小结

本章首先对所建立的三维数值模型及方法进行了详细介绍，尤其是对 WSGG 辐射模型进行了评估，发现不同的 WSGG 模型参数计算精度存在差异，其中由 Bordbar 等人在 2014 年提出的非灰处理 WSGG 模型参数的计算精度更高。随后，介绍了微尺度燃烧实验系统及测量方法，为后续数值模拟提供可用于模型验证的实验测量结果。最后，对所建立的数值模型进行了验证，数值模拟结果与实验测量结果误差较小，证明了数值模型的可靠性，因此可以为后续研究提供数值计算方法。

第3章　微型辐射燃烧器内传热特性及其强化研究

3.1　引言

燃料在微小空间内燃烧时，化学反应、流体的流动、传热与传质以及壁面传热等过程紧密地耦合在一起，导致微尺度燃烧下火焰特性相对复杂。在微尺度燃烧过程中，化学反应区的高温气体将热量传递给通道壁面，使其处于高温状态。随后通过固体导热作用将下游热量传递至上游入口，从而对来流的反应物进行预热，可以提高反应速率并改善火焰稳定性。由于微型辐射燃烧器的面体比很大，高温壁面会导致较高的散热损失，不利于火焰的稳定。但是，高温壁面又会使得燃烧器辐射效率较高，有利于增大微型热光电系统的能量密度及效率。

本章从传热的角度出发，厘清微型辐射燃烧器内耦合传热规律，并对其传热性能进行研究，为设计高辐射效率的燃烧器提供理论支持。首先，研究不同尺寸的微型辐射燃烧器内的耦合传热特性，分析内、外壁面的热流密度分布情况，并着重考察热辐射作用对火焰结构及壁面温度分布的影响。其次，设计一种缩放通道结构，分析其对燃烧器传热性能的强化效果及强化机制，考察了不同氢气-空气混合物入口速度及燃烧室固体壁面材料（石英、不锈钢、碳化硅）对微型辐射燃烧器传热性能的影响，并对缩放通道结构参数进行研究，提高了微型辐射燃烧器的辐射效率。

3.2　微型辐射燃烧器内传热特性分析

3.2.1　计算模型与方法

图 3-1 给出了本节中计算的圆柱形燃烧器的几何示意图，燃烧器的通道直径为 D，通道长度为 L。所有的圆柱形燃烧器具有固定的长径比，即 $L/D=10$，并且通道的壁面厚度(δ)均为 0.5 mm。圆柱形燃烧器的壁面材料为不锈钢，导热系数和发射率分别为 16.3 W/(m·K)和 0.85。本节对直径分别为 1 mm、3 mm、5 mm、7 mm、9 mm 和 11 mm 的圆柱形燃烧器内的耦合传热过程进行了详细分析。

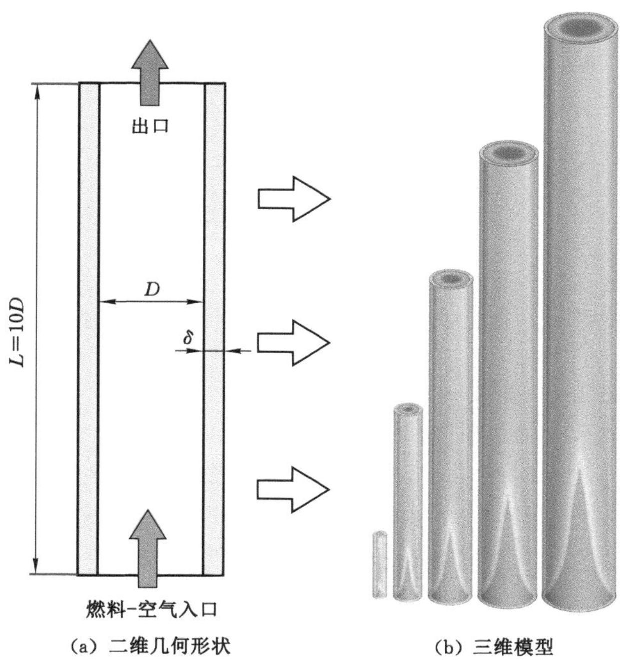

图 3-1　圆柱形燃烧器示意图

微型辐射燃烧器内的传热过程如图 3-2 所示。在燃烧过程中，导热、对流和辐射换热均存在并紧密地耦合在一起：燃烧器固体壁面内的热传导，燃烧通道内高温燃气与内壁面间的热对流及热辐射，以及大气环境与燃烧器外壁面间的热对流及热辐射。上述传热过程与燃烧反应、流动等过程紧密耦合。

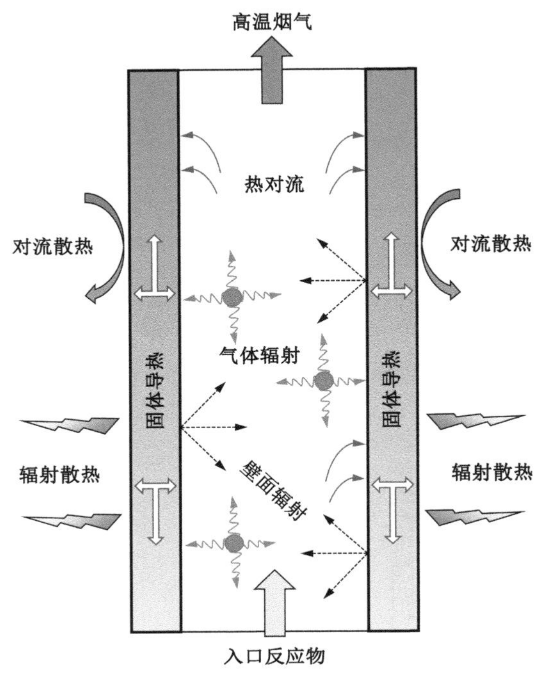

图 3-2　微型辐射燃烧器内燃烧时的传热过程示意图

本节中计算的入口速度 u_m 范围从 1 m/s 变化到 11 m/s，对应的入口雷诺数 Re 的范围为 $46 \leqslant Re \leqslant 3\,560$。此时，在入口速度较大的情况下，雷诺数处于过渡状态。但是，Appel 等人[218]研究指出，在流动通道壁面高温传热的情况下，雷诺数较高时流动仍可以保持层流状态。另外，Pizza 等[8]也研究发现，由于微圆管内的长径比较大($L/D=10$)，并且微圆管内存在燃烧释热与高温壁面传热的协同效应，因此在较高的雷诺数下，狭窄通道内的流动仍会保持层流状态。同时，他们通过数值模拟的方法证实了入口在较高雷诺数的情况下，狭窄通道内没有出现流动不稳定现象。因此，本节中流动模型采用层流模型，反应模型采用层流有限速率模型，氢气燃烧机理仍采用 Li 等[192]提出的反应机理。气体辐射模型采用第 2 章中的非灰处理 WSGG 模型，模型参数选择在评估中表现出较高精度与较好实用性的 Bordbar 等[201]的模型参数。本节所计算的氢气-空气混合物当量比固定为 1.0。

对计算网格的无关性验证如图 3-3 所示。由图可知，每个圆柱形燃烧器在

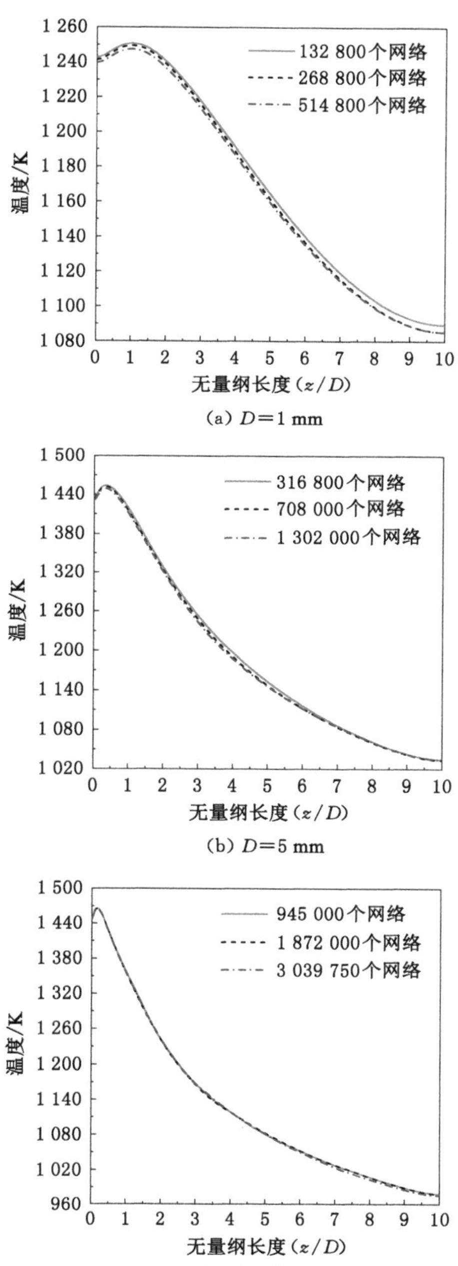

(a) D=1 mm

(b) D=5 mm

(c) D=11 mm

图 3-3　u_m=5 m/s 下网格数量对圆柱形燃烧器外壁温度分布的影响

不同网格数量下的外壁温度分布差异极小。因此，直径为 1 mm、5 mm、11 mm 的圆柱形燃烧器采用的网格数量分别为 268 800 个、708 000 个和 1 872 000 个。此外，对直径为 3 mm、7 mm、9 mm 的圆柱形燃烧器也进行了网格独立性验证，最终采用的网格数量分别为 576 000 个、1 081 250 个和 1 403 800 个。

3.2.2 内壁面热流分析

通道内壁面的辐射能量平衡图如图 3-4 所示。内表面的辐射热流密度（q_{rhf}）表示为：

$$q_{rhf} = H - \rho' H - E = \alpha' H - E \tag{3-1}$$

式中 q_{rhf}——内表面的辐射热流密度，kW/m^2；

H——表面入射辐射热流密度，kW/m^2；

ρ'，α'——灰表面的反射率和吸收率；

E——灰表面的辐射力，kW/m^2。

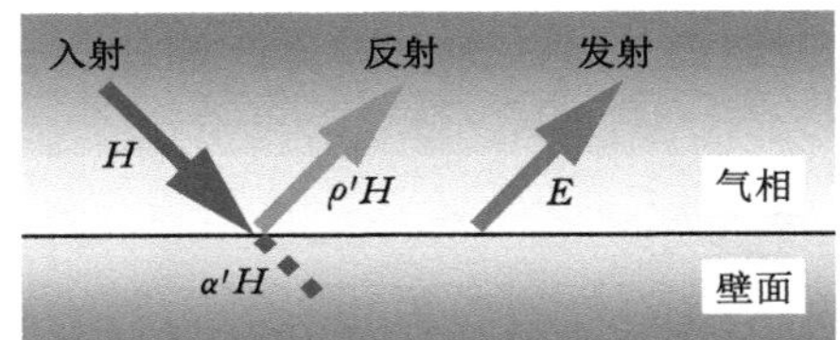

图 3-4 通道内壁面的辐射能量平衡图

根据定义，如果辐射热量从气相进入壁面，则 q_{rhf} 为正值（$q_{rhf} > 0$）；如果辐射热量从壁面进入气相，则 q_{rhf} 为负值（$q_{rhf} < 0$）。

图 3-5 给出了不同尺寸的圆柱形燃烧器内表面的总热流密度分布图，总热流密度的计算方式有两种，一种是考虑辐射作用时的总热流密度，另一种是忽略辐射作用时的总热流密度。总热流密度的正负值取决于内壁面温度（T_{iw}）和内壁面附近的气体温度（T_g）的大小。当总热流密度为正值时，表示热量由高温气体传递给固体壁面（$T_g > T_{iw}$）；而负的总热流密度则表示热量由固体壁面传递给气体（$T_{iw} > T_g$）。因此，负的热流密度仅出现在入口下游较近的距离内，并且该距离随燃烧器通道直径的增加而减小。总热流密度绝对值的大小随入口速度的增加而变大。另外，考虑辐射作用时和不考虑辐射作用时计算的总热流密度差异较小。

考虑辐射作用时计算的辐射热流密度在图 3-6 中展示。由图 3-6 可知，燃烧

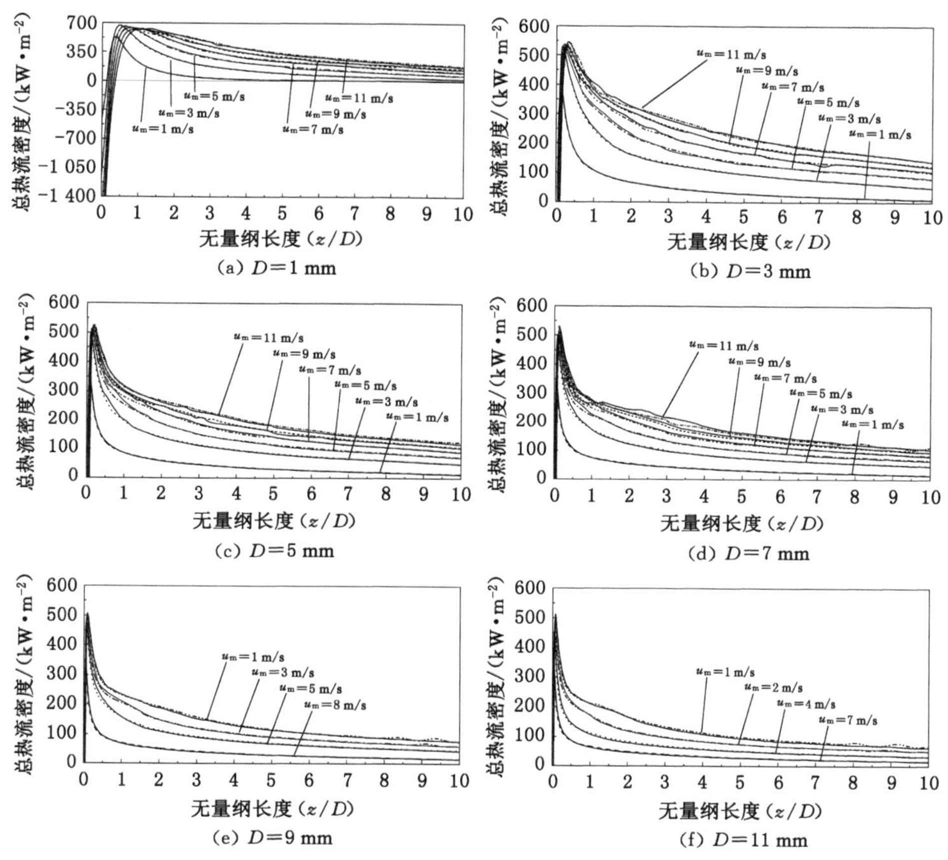

图 3-5　不同尺寸的圆柱形燃烧器内表面的总热流密度分布图

（虚线为考虑热辐射作用曲线，实线为不考虑热辐射作用曲线）

器内表面的辐射热流密度也存在正负值。与总热流密度不同，从燃烧器入口到其下游较近距离处的辐射热流密度为正，随后辐射热流密度变为负值，而燃烧器下游部分的辐射热流密度则又变为正值。此外，辐射热流密度的水平随燃烧器直径的增加而上升。随着入口速度的增加，燃烧器内的辐射热流密度的绝对值也增加。

为了更清楚地阐述燃烧器壁面附近的热环境状况，采用如图 3-7 所示的典型示例。示例图给出了入口速度为 11 m/s 时，$D=1$ mm 的燃烧器内的内壁面总热流密度、辐射热流密度、内壁面温度以及内壁面附近的气体温度的分布。图 3-7 中的标记区域 A 为 $z/D=0$ 到 $z/D=0.37$ 之间的位置，在此区域内，内壁

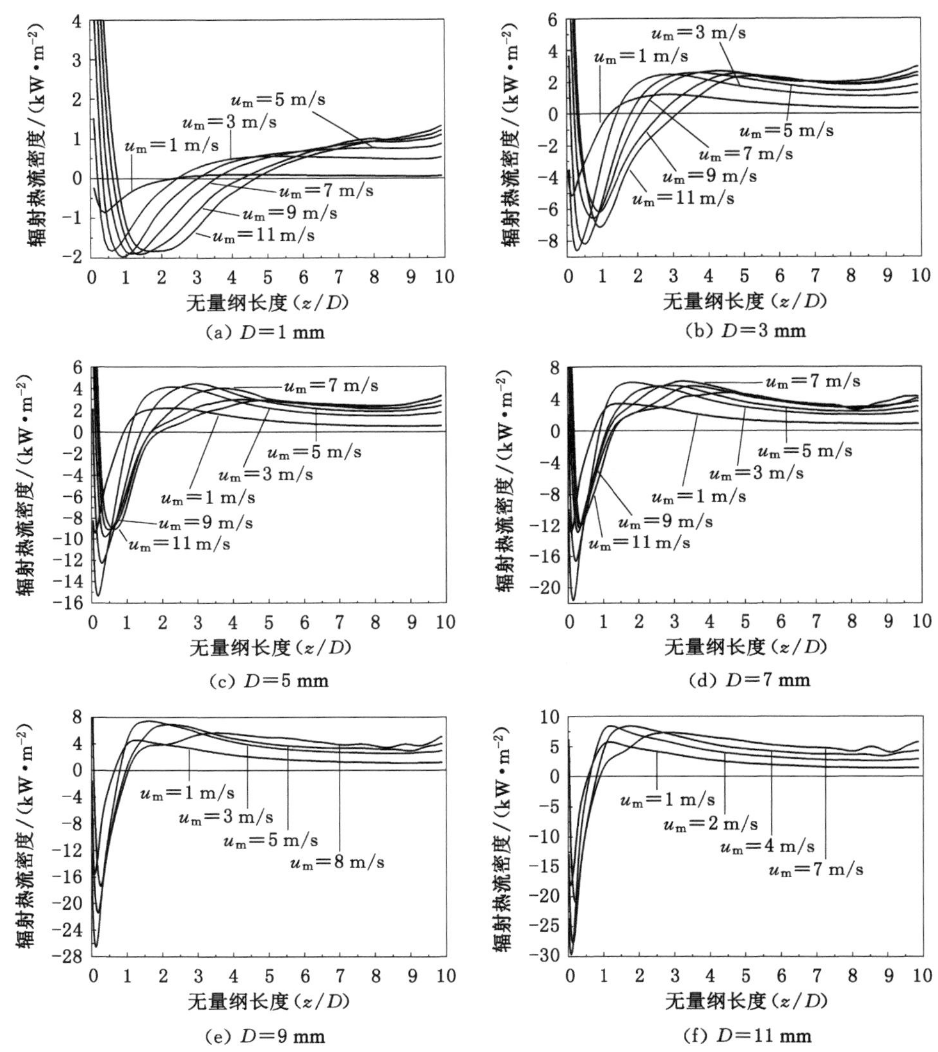

图 3-6 不同尺寸的圆柱形燃烧器内表面的辐射热流密度分布图(考虑辐射作用)

面温度 T_{iw} 大于壁面附近的气体温度 T_g,因此总热流密度值为负值。针对辐射热流密度,图 3-7 中的标记区域 B(从 $z/D=0.76$ 到 $z/D=4.65$)为辐射热流密度小于零的区域。区域 B 中的辐射热流密度是负值的主要原因是区域 B 为壁面温度分布中温度最高的一部分,并且壁面辐射力与温度的四次方成正比,因此该部分壁面向外辐射出更多的热量，从而导致辐射热流密度为负值。从辐射换热的角度来看，内表面中区域 B 属于辐射冷却表面，其余区域属于辐射加热表面。

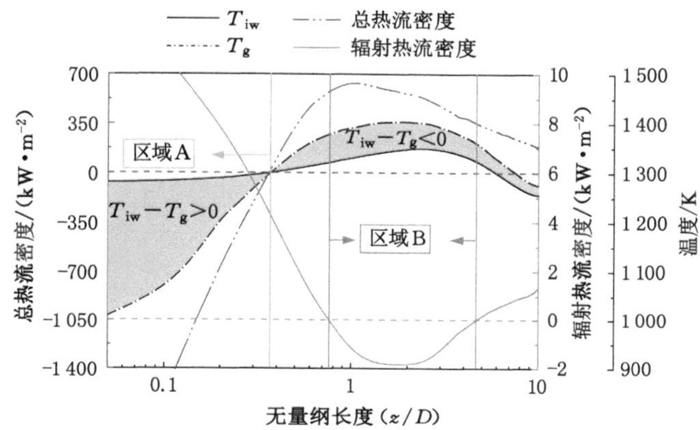

图 3-7　入口速度为 11 m/s 时 $D=1$ mm 的燃烧器内的热环境分析

为了更好地厘清热辐射对内壁面传热的贡献，图 3-8 给出了不同尺寸的圆柱形燃烧器内表面的辐射热流密度对总热流密度的贡献占比。在入口速度较小的情况下，辐射热流密度的贡献占比较大，主要是因为入口速度增加导致对流热流密度明显增加，而辐射热流密度的增量较小。当燃烧器的通道直径为 1 mm 和 3 mm 时，辐射热流密度对总热流密度的贡献占比在整个内壁面上基本都小于 3%；当燃烧器的通道直径为 5 mm 时，辐射热流密度对总热流密度的贡献占比基本小于 4%；当燃烧器的通道直径分别为 7 mm、9 mm 和 11 mm 时，燃烧器内壁面上的辐射热流密度对总热流密度的贡献占比最大值约为 6.0%、7.5%和 9.5%。从图 3-8 中可以看出，随着燃烧器通道直径的增加，辐射热流密度对总热流密度的贡献占比逐渐增加，热辐射变得越来越重要，这主要由于气体的吸收和发射是在整个容积内完成，并且光学厚度与路径长度成正比。因此，较大的燃烧器通道直径能够增加火焰的光学厚度，从而提高火焰的辐射和吸收能力。

内表面的总换热量以及辐射换热量分别对应于总热流密度以及辐射热流密度在整个内表面上的积分。图 3-9 显示了不同尺寸的圆柱形燃烧器内表面上辐射换热量对总换热量的贡献占比。当通道直径为 1 mm 和 3 mm 时，辐射换热量的贡献占比均小于 0.5%。在入口速度为 1 m/s 的情况下，当通道直径为分别 5 mm、7 mm、9 mm 和 11 mm 时，辐射换热量对总换热量的贡献占比分别为

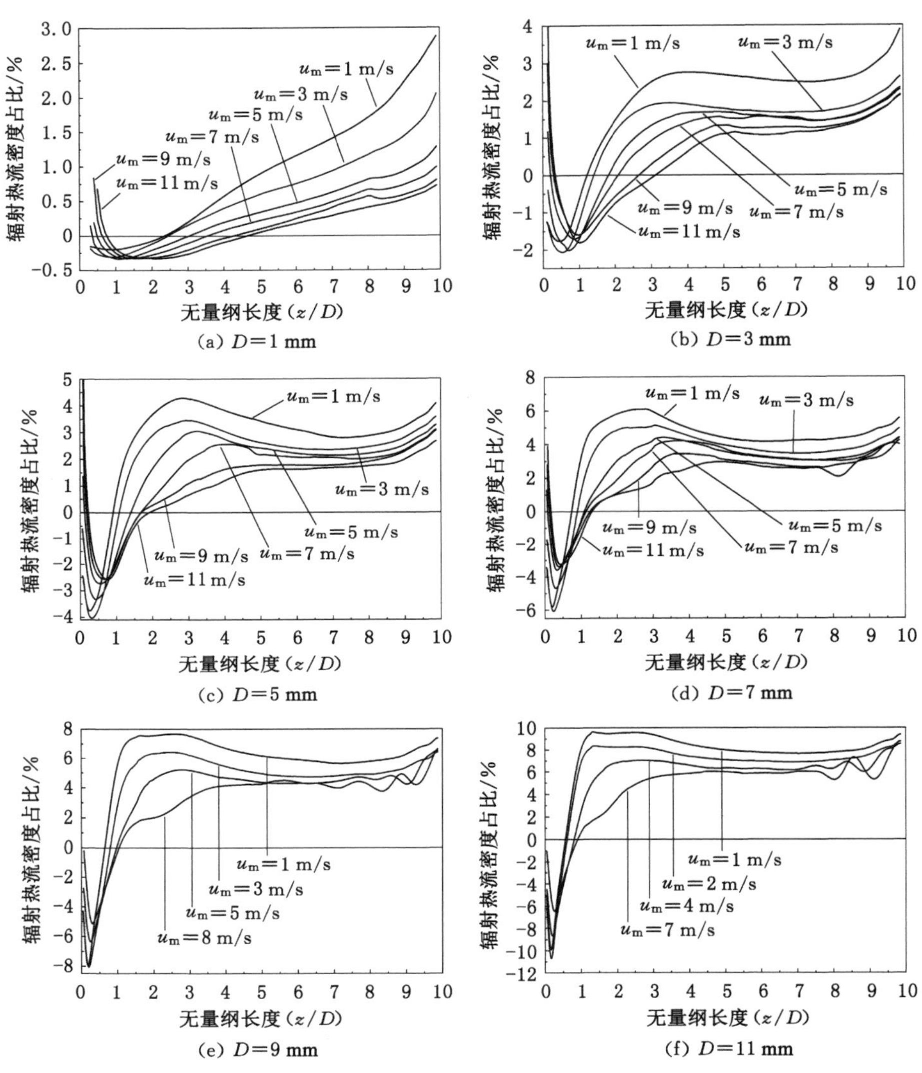

图 3-8　不同尺寸的圆柱形燃烧器内表面的辐射热流密度占总热流密度的百分比

1.25%、2.31%、3.61%和 5.15%。由图 3-9 可知,辐射换热量对总换热量的贡献占比随通道直径的增加而增加,随入口速度的增加而减小。如前所述,通道直径增加,火焰光学厚度变大,燃烧器内表面的辐射热流密度对总热流密度的贡献占比增加，从而导致内表面上的辐射换热量占比增加。入口速度增加，燃烧器内表面对流热流密度的相对增量明显大于辐射热流密度的相对增量，因此，在较高入口速度下燃烧器内表面上的辐射换热量占比降低。

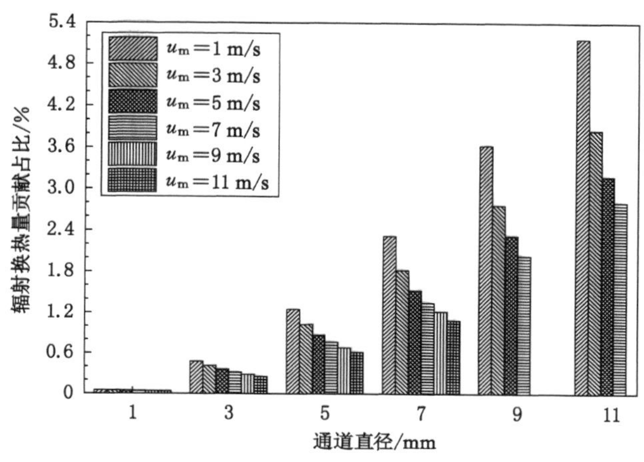

图 3-9　不同尺寸的圆柱形燃烧器内表面上辐射换热量对总换热量的贡献占比

3.2.3　热辐射影响分析

3.2.3.1　热辐射对火焰结构的影响

本节中对燃烧器在入口速度为 5 m/s 时考虑热辐射作用和不考虑热辐射作用下的火焰结构进行了分析。图 3-10 给出了燃烧器中心轴线上的气体温度（T），热释放速率（R_H），以及 H_2、O_2、OH 和 H_2O 的摩尔分数分布。由图 3-10 可以看出，当通道直径为 1 mm 和 3 mm 时，考虑热辐射作用和不考虑热辐射作用时的火焰结构没有差异。当通道直径为 5 mm 时，考虑热辐射作用的热释放速率的峰值位置沿流动方向向下游移动，如图 3-10(c)所示，表明考虑热辐射作用时，通道直径为 5 mm 的燃烧器内火焰锋面会向下游移动。但是，当通道直径增加到 7 mm 或者更大(9 mm 和 11 mm)时，热辐射作用会导致热释放速率的峰值位置向上游移动，即热辐射作用引起火焰锋面前移。

图 3-11 给出了在入口速度为 5 m/s 时，考虑热辐射作用和不考虑热辐射作用下的通道直径分别为 5 mm、7 mm 和 9 mm 的燃烧器内，处在热释放速率峰值位置的基元反应放热速率对总热释放速率 R_H 的贡献占比。三个燃烧器的共同点有两方面：第一，反应 R9"$H+O_2+M=HO_2+M$"对总热释放速率的贡献比最大；第二，

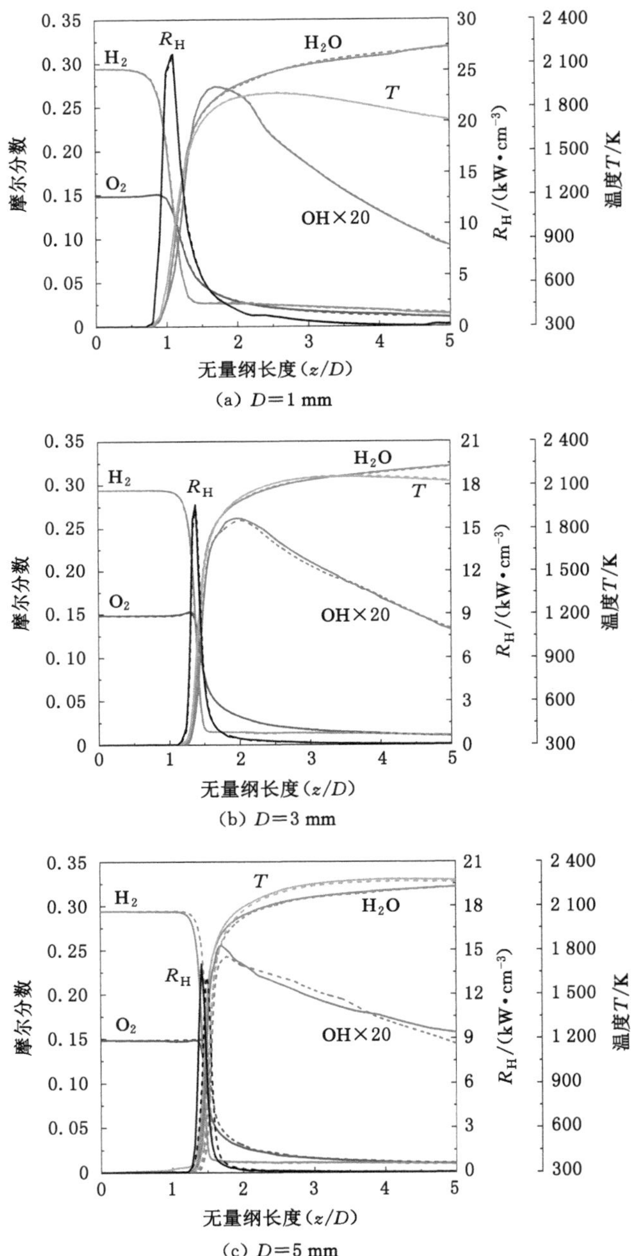

(a) D=1 mm

(b) D=3 mm

(c) D=5 mm

图 3-10　入口速度为 5 m/s 时考虑热辐射(虚线)和不考虑热辐射(实线)作用下的火焰结构

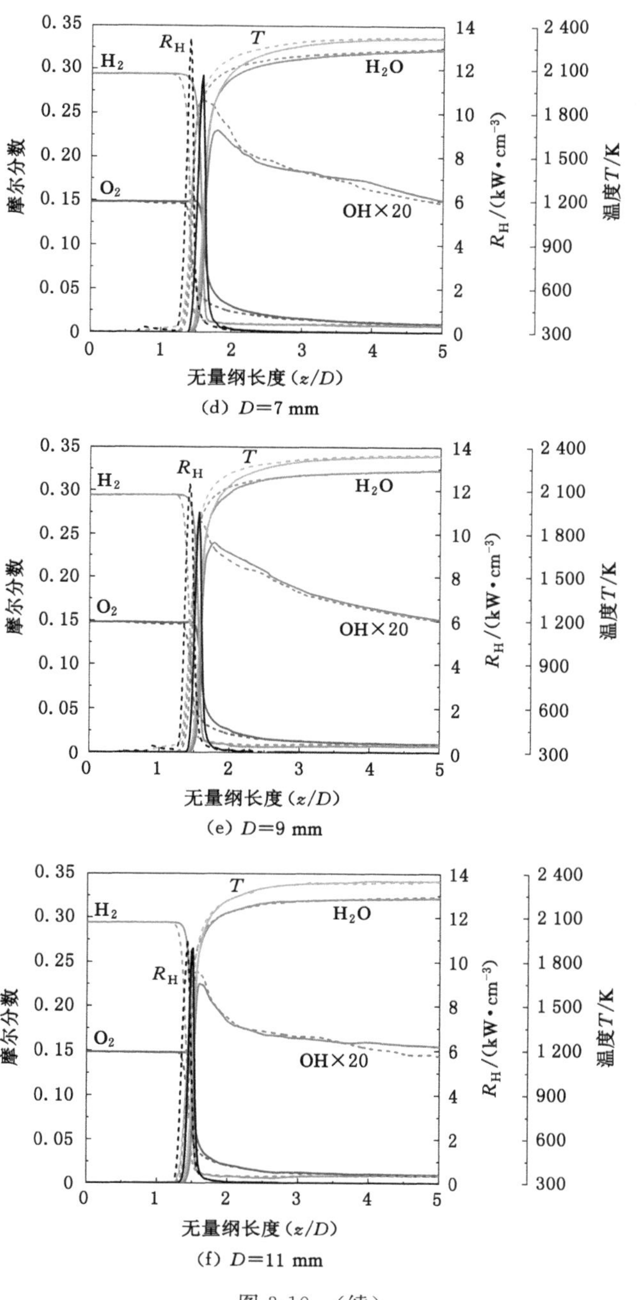

(d) D=7 mm

(e) D=9 mm

(f) D=11 mm

图 3-10 （续）

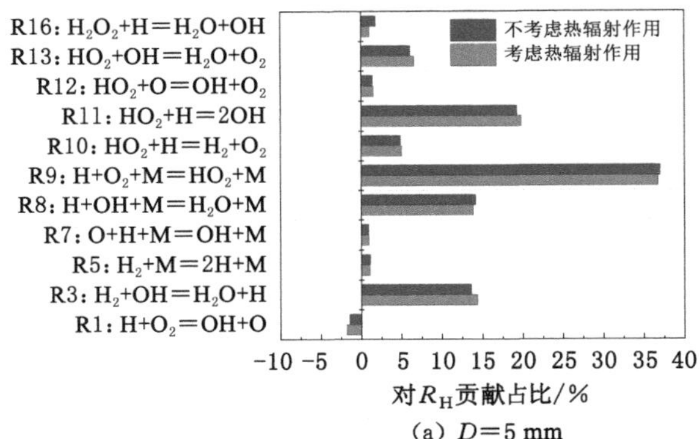

(a) D=5 mm

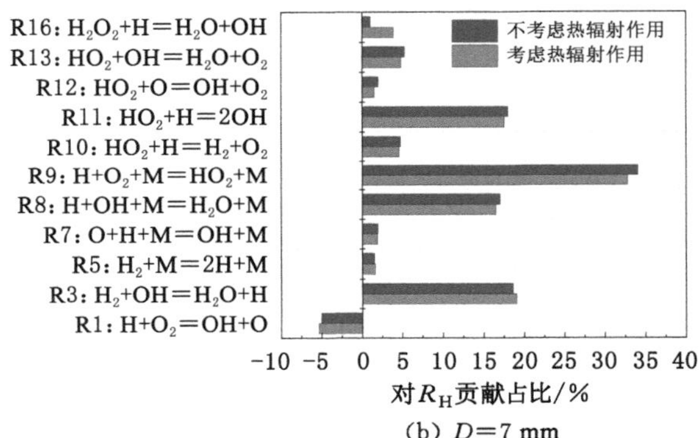

(b) D=7 mm

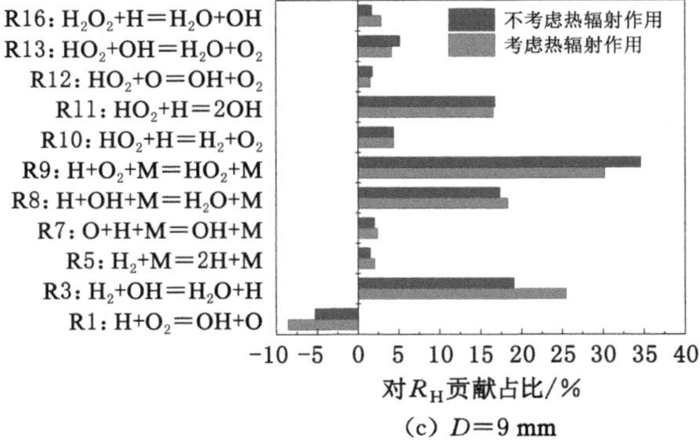

(c) D=9 mm

图 3-11　入口速度为 5 m/s 时，在 R_H 峰值位置处基元反应放热速率对总 R_H 的贡献占比

当考虑热辐射作用时，反应 R1“$H+O_2=OH+O$”和 R3“$H_2+OH=H_2O+H$”对总热释放速率的贡献占比增加，并且反应 R9 对总热释放速率的贡献占比降低。差异点也有两方面：第一，对于通道直径为 5 mm 的燃烧器，对总热释放速率的贡献占比排名第二的是反应 R11“$HO_2+H=2OH$”，而对于通道直径为 7 mm 和 9 mm 的燃烧器，对总热释放速率的贡献占比排名第二的是反应 R3；第二，当考虑热辐射作用时，反应 R11 和反应 R13“$HO_2+OH=H_2O+O_2$”对总热释放速率的贡献占比在通道直径为 5 mm 的燃烧器中增加，而在通道直径为 7 mm 和 9 mm 的燃烧器中降低。对总热释放速率贡献占比的差异导致了火焰锋面位置的差异。

3.2.3.2 热辐射对外壁面温度的影响

考虑热辐射和不考虑热辐射作用时的燃烧器平均外壁温度及其差异在图 3-12 中展示。此处的外壁温差定义为考虑热辐射作用时的平均外壁温度减去不考虑热辐射作用时的平均外壁温度。平均外壁温度均随入口速度的增加而升高，主要因为输入燃料能量增多进而导致燃烧释放热量增加。对于外壁温差，当通道直径不大于 9 mm 时，外壁温差的绝对值小于 5 K。当通道直径为11 mm 时，外壁温差的最大值约为 9.5 K。这是由于通道直径越大，辐射热流密度对总热流密度的贡献占比越大。图 3-13 给出了考虑热辐射作用和不考虑热辐射作用时在某些典型入口速度下燃烧器的外壁温度分布。对于通道直径为 1 mm 和 3 mm 的燃烧器，考虑热辐射作用和不考虑热辐射作用时的外壁温度的局部差异小于 8 K。而当通道直径大于 5 mm 时，考虑热辐射作用和不考虑热辐射作用时入口附近外壁温度的局部差异可以超过 15 K。与不考虑热辐射作用的温度分布曲线相比，考虑热辐射作用时会降低燃烧器前部的外壁温度或者抬升燃烧器后部的外壁温度，主要由于入口附近壁面高温区自身发射的热辐射大于入射的热辐射（负热流密度区域），进而降低了外壁温度，而燃烧器后部壁面受到辐射热流密度的加热作用，从而提高了外壁温度。

3.2.4 壁面散热损失分析

微型辐射燃烧器的壁面散热损失远大于常规尺寸的燃烧器，主要是由于燃烧器的面体比与水力直径成反比，导致微型燃烧器的面体比很大。图 3-14 给出了计算的圆柱形燃烧器的面体比随通道直径的变化。通道直径为 11 mm 的燃烧器面体比为 396.7 m^{-1}，而当通道直径降至 1 mm 时，面体比将增加至 8 000.0 m^{-1}。随着通道直径的减小，面体比将非常大，从而导致较高的壁面散热损失。因此，本节主要通过数值模拟计算结果对壁面散热损失随通道直径的变化进行量化分析。

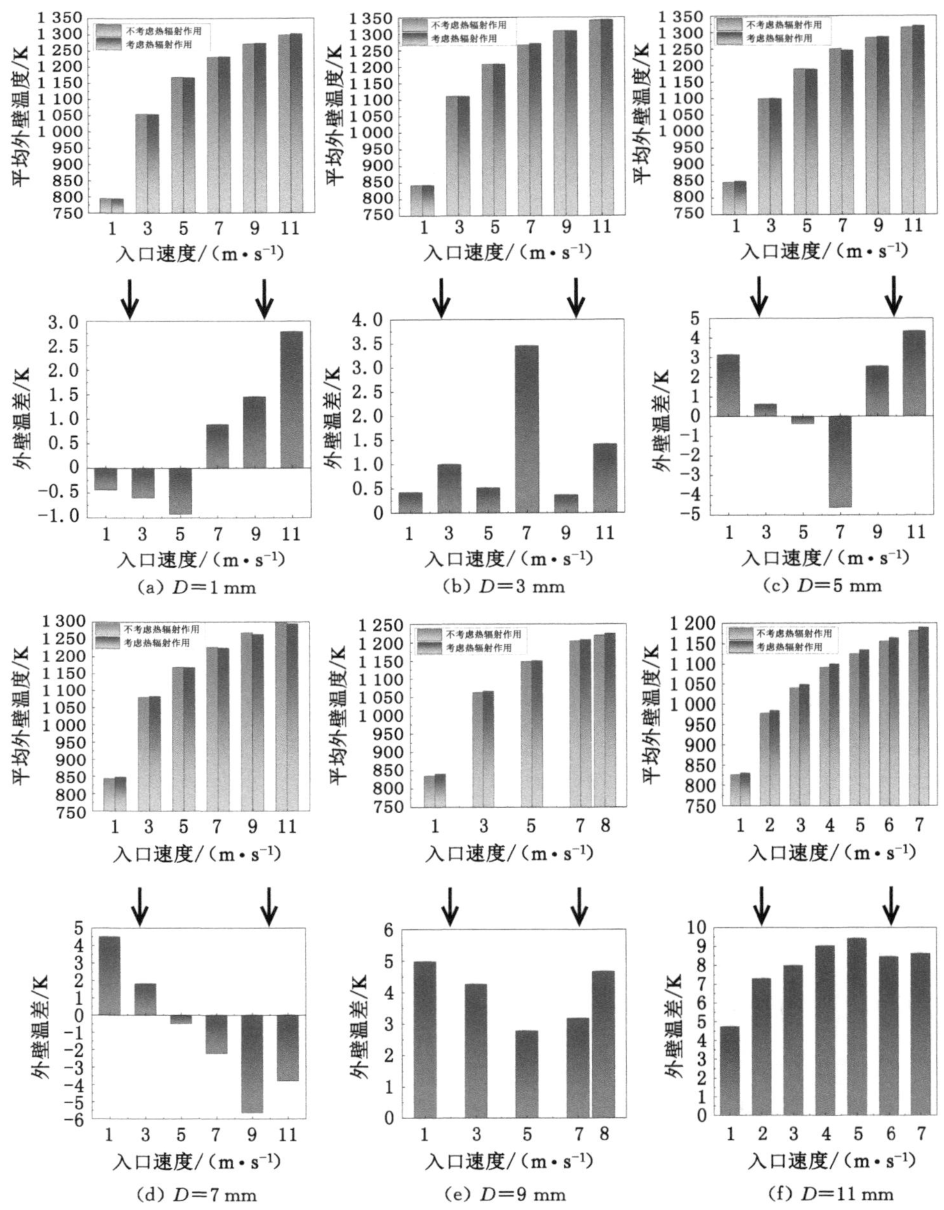

图 3-12　考虑和不考虑热辐射作用时不同尺寸的圆柱形燃烧器的平均外壁温度及其差异

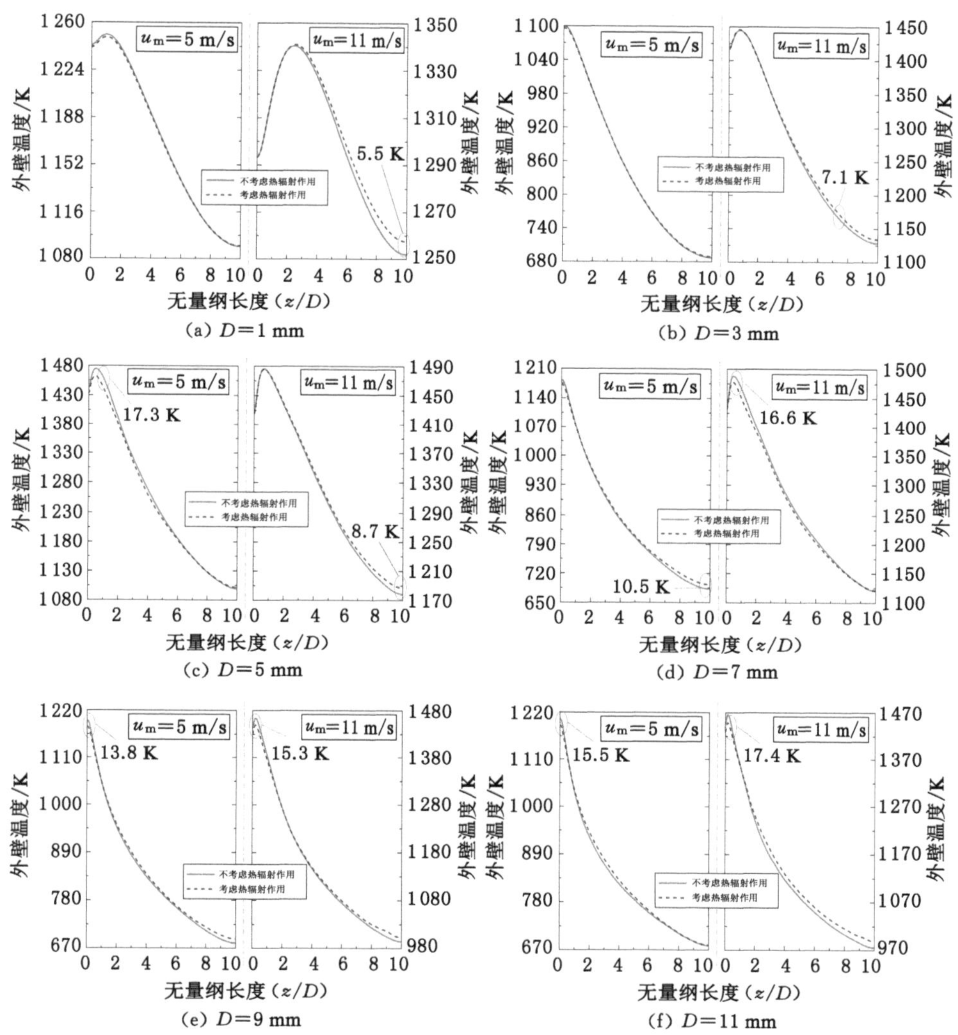

(a) D=1 mm　(b) D=3 mm　(c) D=5 mm　(d) D=7 mm　(e) D=9 mm　(f) D=11 mm

图 3-13　考虑和不考虑热辐射作用时不同尺寸的圆柱形燃烧器的外壁温度分布

图 3-15 给出了不同尺寸燃烧器的壁面散热量以及壁面热损率随入口速度的变化。壁面热损率定义为壁面散热量与输入燃料的化学能之比。由图 3-15(a)可知，壁面散热量随入口速度和燃烧器通道直径的增加而增加，这是因为较大的入口速度会提高外壁面温度，而较大的通道直径会增加散热表面积。由图 3-15(b)可知，壁面热损率随入口速度和燃烧器通道直径的增加而减小，这

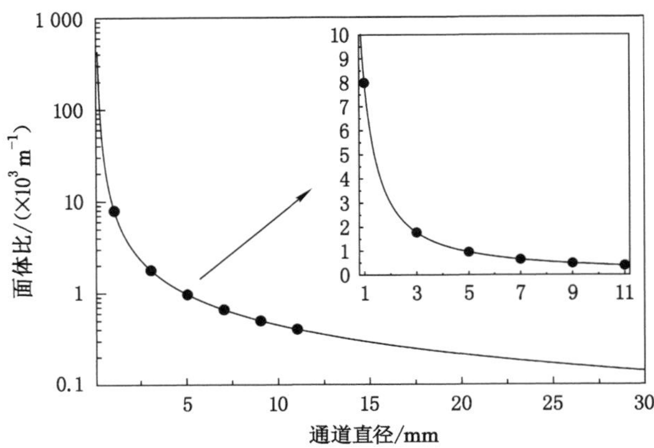

图 3-14　圆柱形燃烧器的面体比随通道直径的变化

是因为入口速度的增加导致燃烧器输入燃料的化学能增加，同时燃烧器壁面散热量增加（壁面散热量增加量大于燃料化学能增加量），从而降低了壁面热损率。图 3-15(b)中所示的最大壁面热损率为 73.6%，此时入口速度为 1 m/s，通道直径为 1 mm；而在入口速度为 1 m/s 时，通道直径为 11 mm 的壁面热损率为 51.9%。

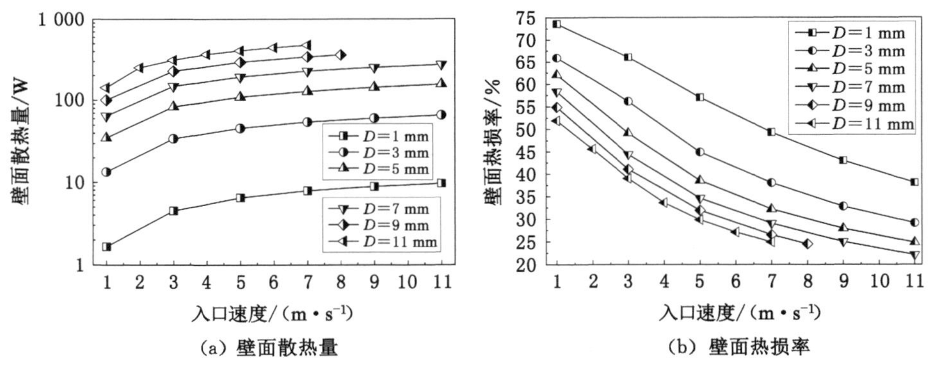

图 3-15　不同尺寸燃烧器的热损失随入口速度的变化

壁面散热通过对流散热及辐射散热两种方式进行。图 3-16 给出了对流热损失与辐射热损失之比(R_C)。当入口速度为 1 m/s 时，通道直径为 5 mm 的燃烧器的 R_C 值最低，主要是由于在该速度下 $D=5$ mm 的燃烧器的壁面温度最高。当速度大于 1 m/s 时，通道直径为 3 mm 的燃烧器的 R_C 最低。根据定义，

R_C 的值会随温度升高而减小，因此 R_C 将随入口速度的增加而降低，当入口速度达到 11 m/s 时，R_C 约为 0.1。表明入口速度较大时，对流热损失非常小，壁面散热损失以辐射散热损失为主。

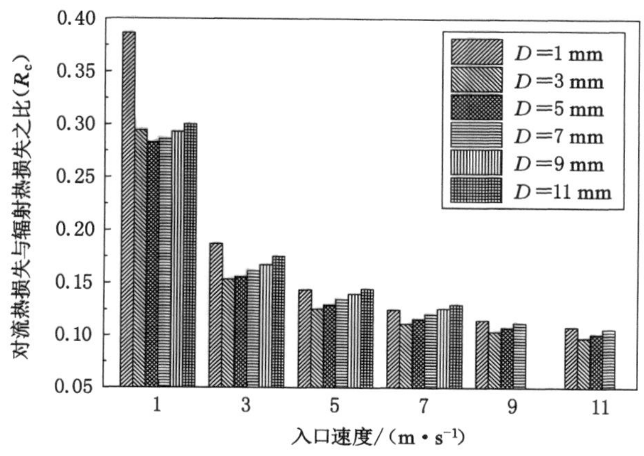

图 3-16　对流热损失与辐射热损失之比(R_C)

3.3　微型辐射燃烧器内传热特性强化研究

常规光滑微圆管内的火焰稳定性差，在较大的入口流量时火焰容易被吹出燃烧器，火焰的稳定可燃范围较窄。Yang 等[112] 研究发现在入口附近添加突扩台阶结构是一种简单有效的稳燃方法，突扩台阶后方形成的低速回流区强化了燃料的混合同时延长了反应物的停留时间，有利于锚定火焰，提升火焰稳定性。

但是，突扩型燃烧器的外壁面温度分布通常在入口附近火焰核心区域处的温度较高，而燃烧器下游部分的温度偏低，造成外壁面温度分布不均。此外，通道内的火焰形状特点为沿流动方向逐渐变窄。基于上述特点，首先为了匹配火焰形状，使燃烧反应区更靠近壁面，从而达到提高壁面温度的目的，将突扩台阶后的圆柱形通道设计成渐缩形状。但如果将突扩台阶至燃烧器出口均设计成渐缩形状，会造成燃烧器下游部分的壁厚沿轴向逐渐增加，不利于提高燃烧器下游部分的温度。因此，在渐缩通道的下游采取渐扩通道，一方面利用渐扩通道降低燃烧器下游部分的流体速度，另一方面渐扩通道可以避免热阻增加引起的壁面温度下降。因此,本节探究设计的缩放通道结构对微型辐射燃烧器传热性能的强化效果,主要考察缩放通道结构对燃烧器外壁温度分布、外壁温度均匀性(T_{NSD})及辐射效率等传热性能指标的影响。在突扩型燃烧器内引入缩放通道后,此时的燃烧器命名为突扩-缩放型燃烧器。

3.3.1 计算模型与方法

图 3-17 给出了突扩型与突扩-缩放型燃烧器的几何结构。两种燃烧器的入口直径 d_1、出口直径 d_2、外径、入口台阶长度 L_1 以及燃烧器总长度均保持相同,依次分别为 2 mm、3 mm、4 mm、2 mm 和 18 mm。燃烧器的壁面材料为不锈钢。对于突扩-缩放型燃烧器,喉部直径与喉部位置决定了缩放通道的几何结构,因此也针对这两个缩放通道结构参数进行了分析,这里定义无量纲喉部直径与喉部位置分别为 $\xi=d_t/d_2$ 和 $l=L_t/L_2$,具体参数如表 3-1 所列。

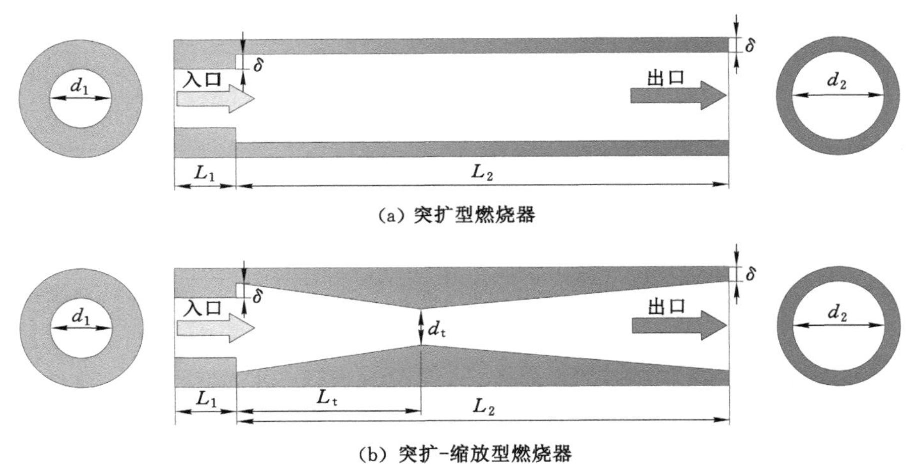

图 3-17 燃烧器几何结构

表 3-1 缩放通道喉部几何参数

参数	数值		
d_t/mm	1.2	1.6	2.0
L_t/mm	6.0	8.0	10.0
ξ	0.400	0.533	0.667
l	0.375	0.500	0.625

在圆柱形微通道入口增加突扩台阶引起流体回流，增加了扰动。万建龙[219]研究发现在微通道内增加钝体或凹腔后会产生回流区，此时采用可实现 k-ε 湍流模型获得的模拟结果更接近实验。此外，Kuo 等[94]研究发现，当雷诺数大于 500 时，湍流模型比层流模型能够更好地预测微型辐射燃烧器内的流动情况。因此本节采用可实现 k-ε 湍流模型与 EDC 模型模拟氢气燃烧过程中的流动及化学反应。本节所计算的化学当量比固定为 1.0。表 3-2 给出了不同入口速度及对应的组分质量流量。

表 3-2　不同入口速度下的组分质量流量分布

入口速度/($m \cdot s^{-1}$)	入口氢气质量流量/($kg \cdot s^{-1}$)	氢气-空气混合物质量流量/($kg \cdot s^{-1}$)
5	$3.781\ 0 \times 10^{-7}$	$1.336\ 0 \times 10^{-5}$
7	$5.293\ 6 \times 10^{-7}$	$1.870\ 5 \times 10^{-5}$
9	$6.806\ 0 \times 10^{-7}$	$2.404\ 9 \times 10^{-5}$
11	$8.318\ 5 \times 10^{-7}$	$2.939\ 3 \times 10^{-5}$

由于网格质量对数值模拟过程至关重要，合理的网格结构有利于提高计算的准确性与效率。基于此，本节的网格独立性检验中，燃烧器的网格数量依次为 282 625 个、707 047 个、1 063 530 个和 1 614 816 个。图 3-18(a)给出了在入口速度为5 m/s 条件下，不同网格数量下突扩-缩放型燃烧器外壁温度分布结果。从图 3-18(a)中可以看出，当网格数量超过 707 047 个时，增大网格数量对计算结果的影响非常小。因此本节中采用 1 063 530 个网格进行模拟计算，网格分布如图 3-18(b)所示。

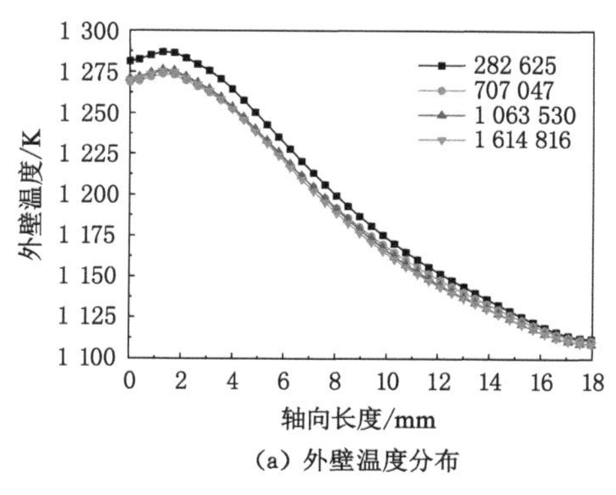

(a) 外壁温度分布

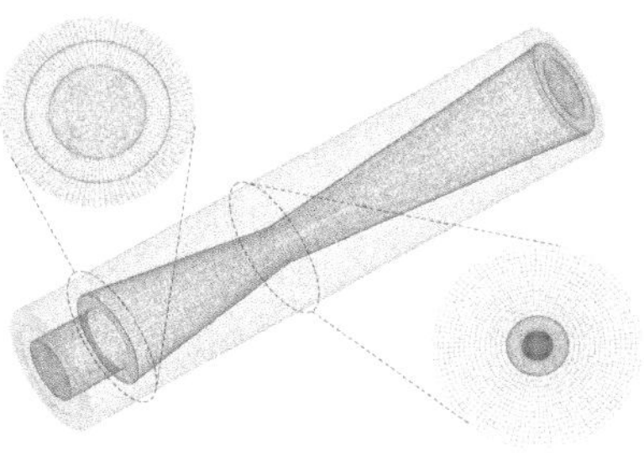

(b) 突扩-缩放型燃烧器的结构性网格

图 3-18　网格无关性验证

3.3.2 入口速度的影响

为了考察缩放通道对燃烧器传热性能的影响，本小节选取了具有 $\xi=0.400$ 及 $l=0.375$ 的缩放通道结构参数的突扩-缩放型燃烧器与突扩型燃烧器进行对比研究。同时，本节的燃烧器壁面材料为不锈钢。图 3-19 给出了不同入口速度下的突扩型与突扩-缩放型燃烧器的外壁温度分布。可以看出，与突扩型燃烧器相比，突扩-缩放型燃烧器入口附近的外壁温度略有降低，但是其中后部的外壁温度明显升高。造成上述现象的主要原因，一方面是由于喉部的收缩作用强化了高温燃气与固体壁面间的传热，另一方面是因为随着入口速度的增加，燃料释放了更多的热量导致外壁温度也更高。

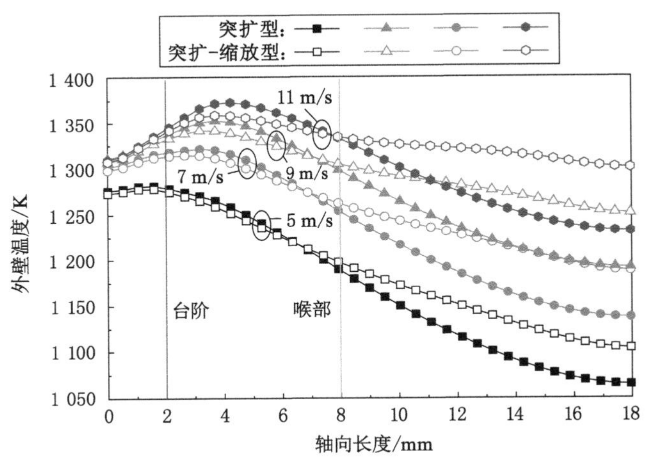

图 3-19 不同入口速度下突扩型与突扩-缩放型($\xi=0.400$，$l=0.375$)燃烧器外壁温度分布

表 3-3 列出了这两种燃烧器的平均外壁温度和外壁温差，此处的外壁温差为外壁温度最大值与最小值之差。由表 3-3 可知，平均外壁温度随入口速度的增大而增加，但是外壁温差随入口速度的增加而减小。此外，突扩-缩放型燃烧器的平均外壁温度高于突扩型燃烧器的平均外壁温度。当入口速度从 5 m/s 依次增加到 11 m/s 时，平均外壁温度值分别升高了 16.67 K、20.70 K、22.23 K 和 23.10 K。

表 3-3　不同速度下突扩型与突扩-缩放型($\xi=0.400, l=0.375$)燃烧器平均外壁温度以及外壁温差

入口速度/($m \cdot s^{-1}$)	T_{ave}/K		ΔT_w/K	
	突扩型	突扩-缩放型	突扩型	突扩-缩放型
5	1 174.01	1 190.68	218.06	175.65
7	1 235.34	1 256.04	185.27	127.15
9	1 277.16	1 299.39	162.19	91.07
11	1 306.77	1 329.87	142.09	59.71

图 3-20(a)给出了不同入口速度下燃烧器的辐射效率。由图 3-20(a)可知，燃烧器的辐射效率随入口速度的增加而降低，这是因为随着入口速度的增加，燃烧器的输入能量增加并且燃烧器出口带走的热量也在增加。突扩-缩放型燃烧器的辐射效率高于突扩型燃烧器的辐射效率。当入口速度为 11 m/s 时，由于缩放通道引起的积极作用，燃烧器的辐射效率相对提高了 6.59%。如表 3-3 所列，突扩-缩放型燃烧器的外壁温差明显小于突扩型燃烧器的外壁温差。当入口速度从 5 m/s 依次增加到 11 m/s 时，与突扩型燃烧器相比，突扩-缩放型燃烧器的外壁温差分别降低了 42.41 K、58.12 K、71.12 K 和 82.38 K。此外，图 3-20(b)还给出了不同入口速度下两种燃烧器的外壁温度归一化标准差(T_{NSD})。从图 3-20(b)中可以清楚地观察到，突扩-缩放型燃烧器的外壁温度均匀性优于突扩型燃烧器的外壁温度均匀性。当入口速度从 5 m/s 依次增加到 11 m/s 时，T_{NSD}分别降低了 26.54%、38.99%、53.10%和 65.85%。以上分析可知，与突扩型燃烧器相比，突扩-缩放型燃烧器可以实现更高的外壁温度水平及均匀性。

图 3-21 给出了入口速度变化时突扩型与突扩-缩放型燃烧器的中心截面温度分布云图。应当注意，突扩-缩放型燃烧器的火焰温度明显低于突扩型燃烧器的火焰温度，其原因是采用缩放通道结构时热量可以更好地由高温气体传递到固体壁面，从而降低了火焰温度。

图 3-22 给出了不同入口速度下的燃烧器平均出口气体温度，可以看出速度的增加导致反应区域向下游移动，从而导致出口气体温度升高。另外，突扩-缩放型燃烧器的平均出口气体温度比突扩型燃烧器的低约 40 K。较低的出口气体温度表明出口废气能量损失减少，有利于提高燃烧器的辐射效率及能量利用率。

图 3-23 给出了不同入口速度下突扩型与突扩-缩放型燃烧器的中心截面上的 OH 质量分数分布云图。通常，OH 的分布区域用来指示反应区域的位置。

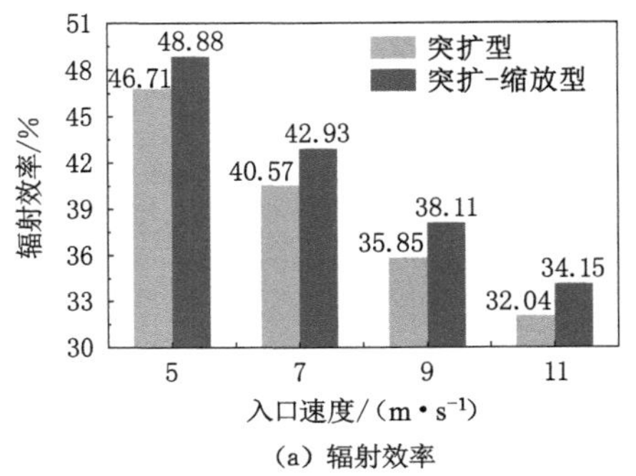

(a) 辐射效率

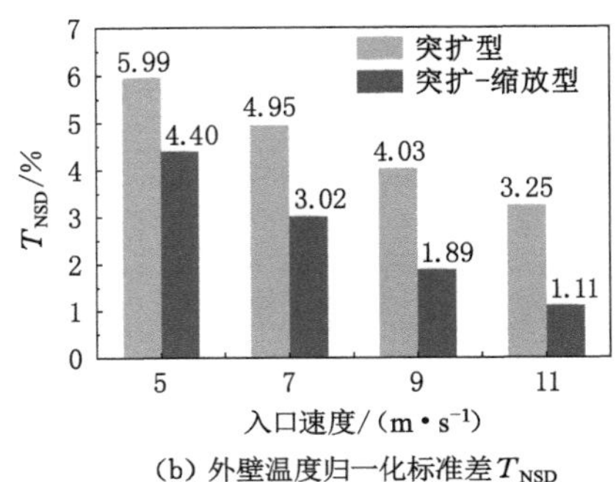

(b) 外壁温度归一化标准差 T_{NSD}

图 3-20 燃烧器外壁面热性能

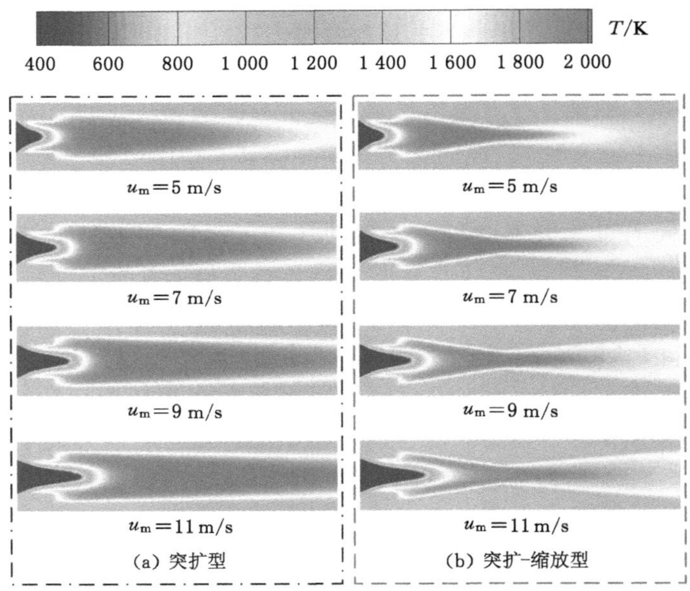

$u_m=5$ m/s　$u_m=7$ m/s　$u_m=9$ m/s　$u_m=11$ m/s

(a) 突扩型

$u_m=5$ m/s　$u_m=7$ m/s　$u_m=9$ m/s　$u_m=11$ m/s

(b) 突扩-缩放型

图 3-21 不同入口速度下燃烧器中心截面的温度分布云图

如图 3-23 所示，高浓度 OH 沿火焰传播方向呈 V 形分布，并且入口速度的增加延长了 OH 的分布区域从而扩大了化学反应区。另外，由于缩放通道的存在，突扩-缩放型燃烧器的 OH 分布区域变得更窄更长。缩放通道结构的渐缩段形状与 OH 分布形状相似，均为沿轴向方向逐渐变窄，从而导致 OH 分布更接近

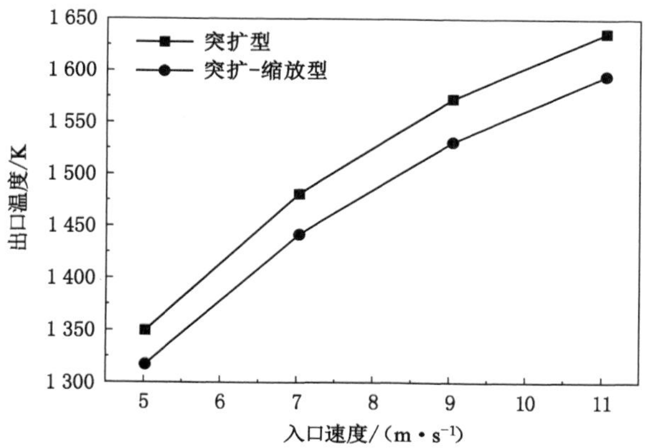

图 3-22　不同入口速度下燃烧器的平均出口气体温度

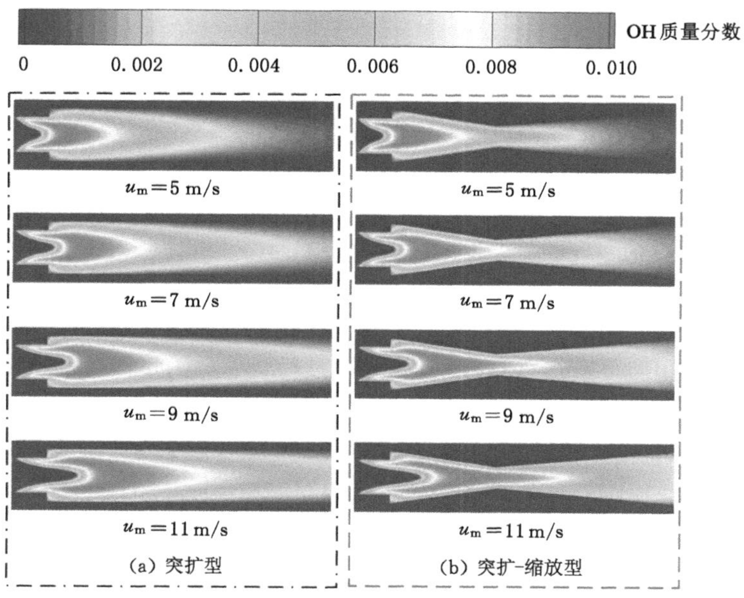

图 3-23　不同入口速度下燃烧器中心截面 OH 质量分数分布云图

固体壁面，即反应区域更靠近燃烧器固体壁面，有利于增强高温气体与固体壁面之间的热传递。

图 3-24 给出了入口速度为 9 m/s 时突扩型与突扩-缩放型燃烧器的中心截面湍动能分布云图。从图 3-24 中可以清楚看到，突扩-缩放型燃烧器的湍动能明显大于突扩型燃烧器的湍动能，特别是在喉部与出口之间的部分，而较高的湍动能有利于增强对流传热。缩放通道中喉部的收缩作用使得流体在渐缩段内加速(最大速度低于声速)，随后在渐扩段内减速。缩放通道中由于通道截面的变化引起流体扰动，从而增强了高温气体与固体壁面间的热传递。

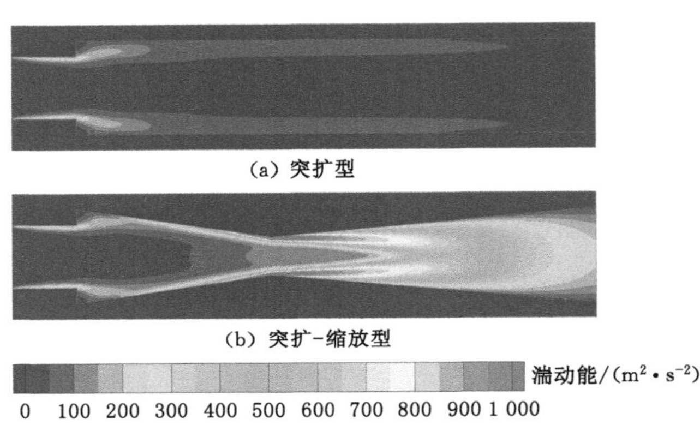

图 3-24　入口速度 9 m/s 时燃烧器中心截面湍动能分布云图

3.3.3　壁面材料的影响

本小节考察了缩放通道结构在不同壁面材料下对燃烧器传热性能的影响。对于微型辐射燃烧器，较高的壁面发射率有利于提高燃烧器的辐射效率。因此，除了目前常用的不锈钢材料外，另外两种材料石英和碳化硅也被考虑在内，主要由于石英和碳化硅不仅可以承受高温，而且它们的发射率较高。表 3-4 给出了壁面材料的密度、比热容、导热系数及发射率[220]。本小节中燃烧器的入口速度固定为 9 m/s。

表 3-4　壁面材料物理属性[220]

材料	密度/($kg \cdot m^{-3}$)	比热容/[$J \cdot (kg \cdot K)^{-1}$]	导热系数/[$W \cdot (m \cdot K)^{-1}$]	发射率
石英	2 650	750	1.05	0.92
不锈钢	8 000	503	16.30	0.85
碳化硅	3 217	2 352	32.80	0.90

图 3-25 给出了壁面材料对突扩型和突扩-缩放型燃烧器外壁温度分布的影响。当使用石英材料时，入口附近的外壁温度较低，同时外壁温差也较大，这主要是由于石英较高的热阻抑制了固体壁面内的热传导。另外，突扩-缩放型燃烧器的外壁温度在喉部下游有明显的降低趋势，主要原因是石英较低的导热系数以及突扩-缩放型燃烧器喉部处较厚的固体壁面导致喉部附近热阻较高。另外，当使用碳化硅材料时，燃烧器外壁温度明显低于使用不锈钢材料时的燃烧器外壁温度。

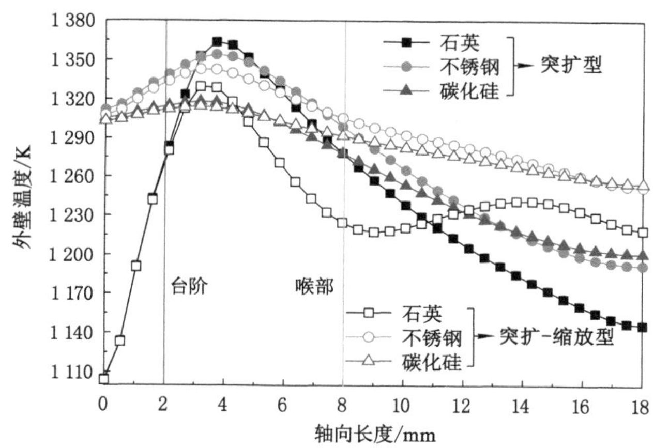

图 3-25　壁面材料对燃烧器外壁温度分布的影响

图 3-26 给出了不同壁面材料时突扩型和突扩-缩放型燃烧器的中心截面温度分布云图。突扩-缩放型燃烧器内的火焰温度明显低于突扩型燃烧器内的火焰温度，缩放通道结构强化了燃气与壁面间的传热，故而降低了火焰温度。当采用导热系数较低的石英时，由于入口附近壁面温度较低，来流反应物的预热效果比不锈钢和碳化硅的差，因此石英燃烧器内的火焰高温区更靠近下游。

壁面材料对平均外壁温度以及外壁温度归一化标准差的影响，如图 3-27 所示。当使用石英材料时，尽管两个燃烧器平均外壁温度差距极小，但是缩放通道结构可以显著提高外壁温度的均匀性，T_{NSD}降低了 52.10%。当使用不锈钢材料时，突扩-缩放型燃烧器获得了最大的平均外壁温度，即 1 299.39 K。当使用碳化硅材料时，突扩-缩放型燃烧器获得了最小的外壁温度归一化标准差，即 1.37%。

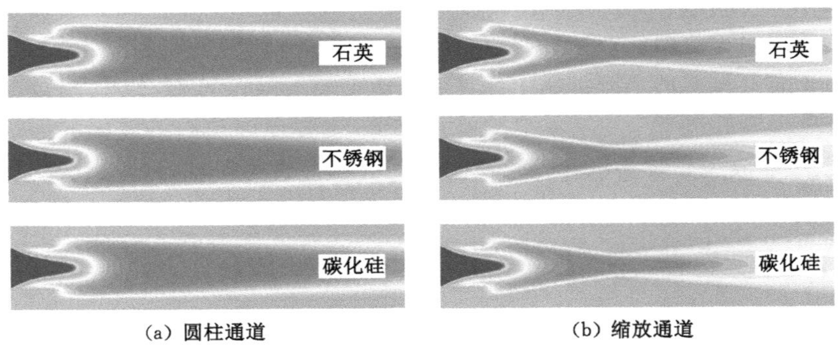

图 3-26　壁面材料对燃烧器中心截面温度分布的影响

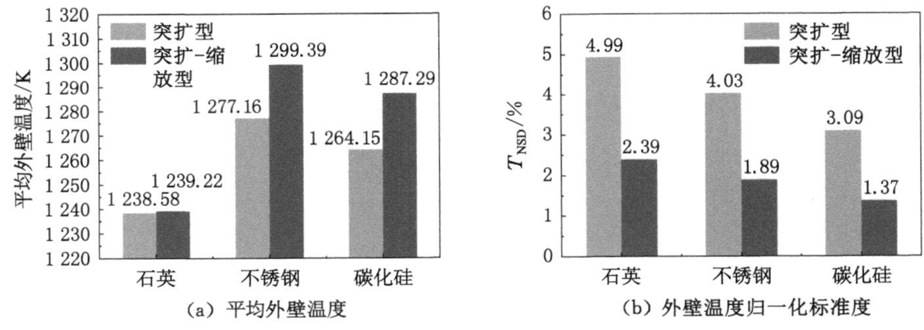

图 3-27　固体材料对平均外壁温度和外壁温度归一化标准差的影响

图 3-28 给出了壁面材料对燃烧器辐射效率的影响。尽管不锈钢材料的燃烧器平均外壁温度要高于碳化硅材料的燃烧器平均外壁温度，但是碳化硅材料的燃烧器辐射效率却高于不锈钢材料的燃烧器辐射效率，其原因主要是碳化硅的发射率(0.90)高于不锈钢的发射率(0.85)。

3.3.4　缩放通道结构参数的影响

本小节主要研究缩放通道结构参数，即无量纲喉部直径 ξ 与无量纲喉部位置 l，对燃烧器传热性能的影响。图 3-29 给出了在入口速度为 9 m/s 时，ξ 与 l 对突扩-缩放型燃烧器外壁温度的影响。从图 3-29 中可以清楚看到，当无量纲喉部位置 l 固定时，入口附近的外壁温度随无量纲喉部直径 ξ 的减小而略有降低，相反燃烧器后半部分的外壁温度随无量纲喉部直径的减小而明显升高。

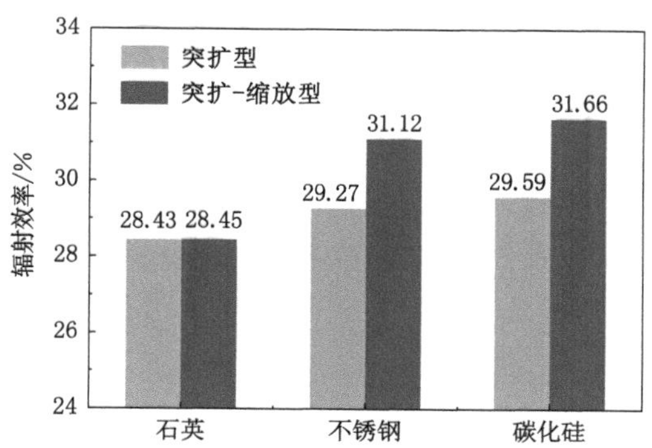

图 3-28　壁面材料对燃烧器辐射效率的影响

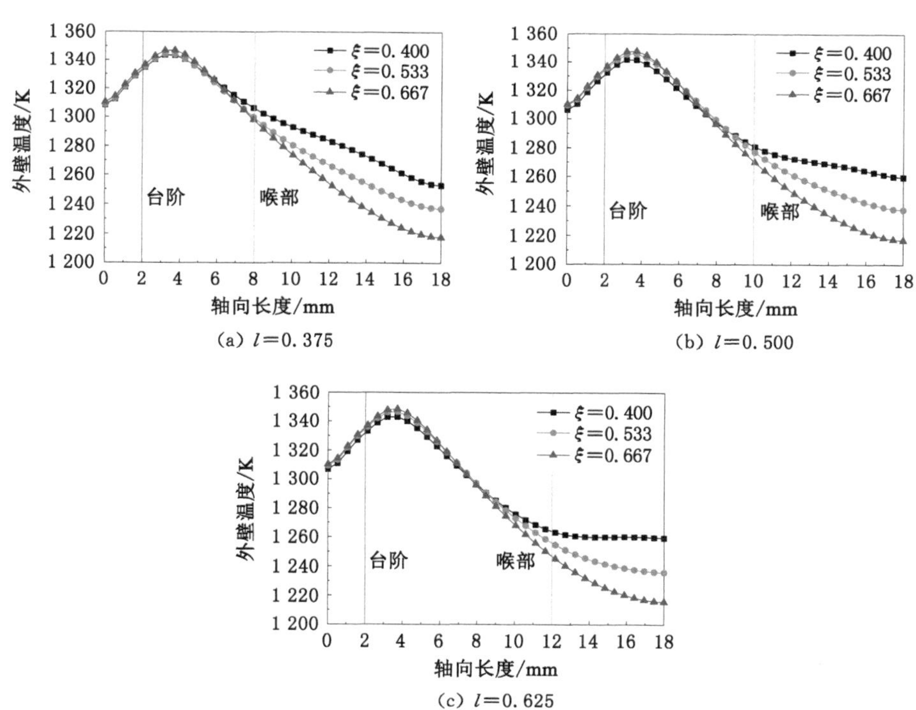

图 3-29　不同 ξ 和 l 对燃烧器外壁温度的影响

图 3-30 给出了 ξ 和 l 对突扩-缩放型燃烧器中心截面温度和 OH 质量分数分布的影响。如图 3-30(b)所示，随着无量纲喉部直径的减小，OH 分布更靠近固体壁面。由图 3-30(a)可以看出，由于传热性能的提高，火焰温度随无量纲喉部直径的减小而降低。因此，较小的无量纲喉部直径有利于提高壁面温度水平。但是需要注意，喉部直径不能太小，因为过小的喉部直径容易引起火焰不稳定，甚至熄灭。一方面，如果喉部直径太小，火焰将没有足够的传播空间向喉部下游传播；另一方面，过小的喉部直径会导致流速达到声速或者更高，从而降低了停留时间，不利于燃烧稳定性。

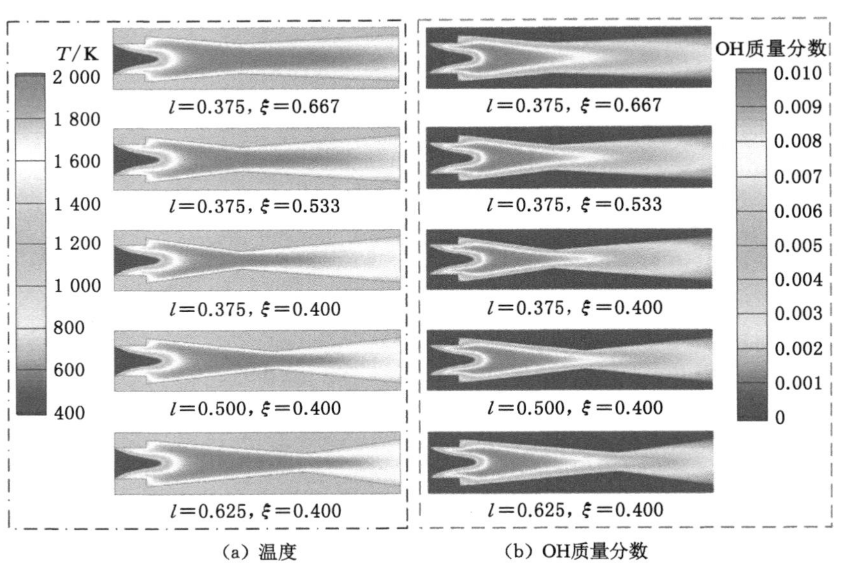

图 3-30　不同 ξ 和 l 下燃烧器中心截面参数分布

无量纲喉部位置对燃烧器外壁温度的影响如图 3-31 所示，此时无量纲喉部直径 ξ 固定为 0.4。当入口速度为 5 m/s 时，无量纲喉部位置对外壁温度的影响较小。当入口速度增加到 9 m/s 时，$l=0.375$ 的外壁温度明显较高，但是在出口附近的外壁温度最低。l 越小，外壁温度越高。由图 3-30 可以看出，当无量纲喉部直径 ξ 固定在 0.400 时，喉部位置靠近入口，火焰温度稍有下降，并且火焰长度变短。总体上，喉部位置对外壁温度分布的影响不如喉部直径明显。

为了更好地展示缩放通道结构对燃烧器传热性能的影响，图 3-32、图 3-33

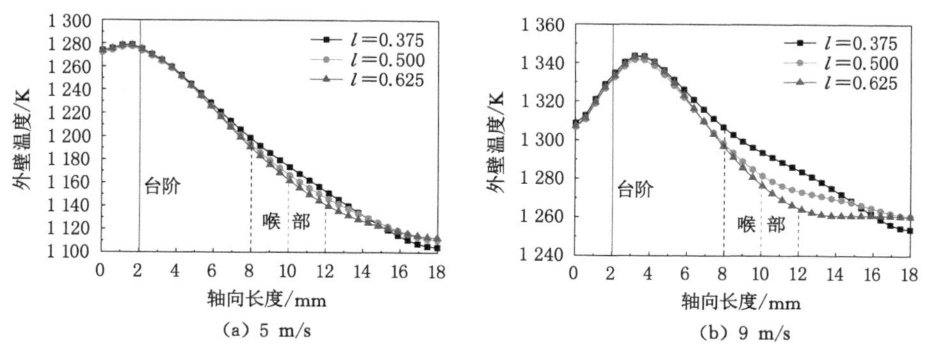

(a) 5 m/s　　(b) 9 m/s

图 3-31　ξ=0.400 时，l 对燃烧器外壁温度分布的影响

和图 3-34 分别给出了不同入口速度下突扩型燃烧器与具有不同缩放通道结构参数的突扩-缩放型燃烧器的平均外壁温度、T_{NSD} 以及辐射效率。由图 3-32、图 3-33 和图 3-34 可知，当入口速度相同时，与突扩型燃烧器相比，所有的突扩-缩放型燃烧器的传热性能都要优于突扩型燃烧器的传热性能，即突扩-缩放型燃烧器的平均外壁温度更高、辐射效率更高，同时 T_{NSD} 更小。其中，具有最小无量纲喉部直径与位置（ξ=0.4，l=0.375）的突扩-缩放型燃烧器可以实现最高且均匀性最好的外壁温度分布。而且，入口速度的变化并不会改变实现最优性能的缩放通道的结构参数。

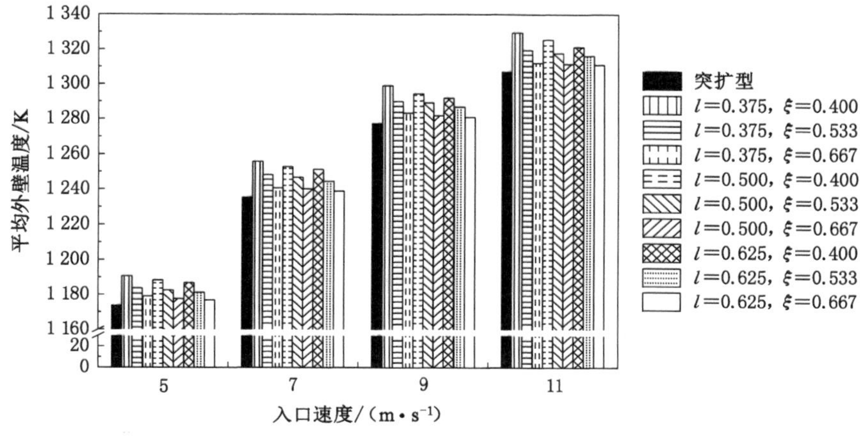

图 3-32　不同入口速度下燃烧器平均外壁温度

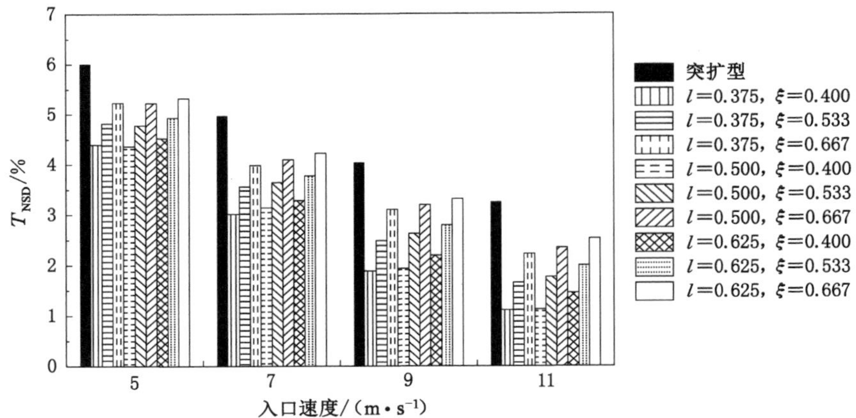

图 3-33　不同入口速度下燃烧器外壁温度归一化标准差 T_{NSD}

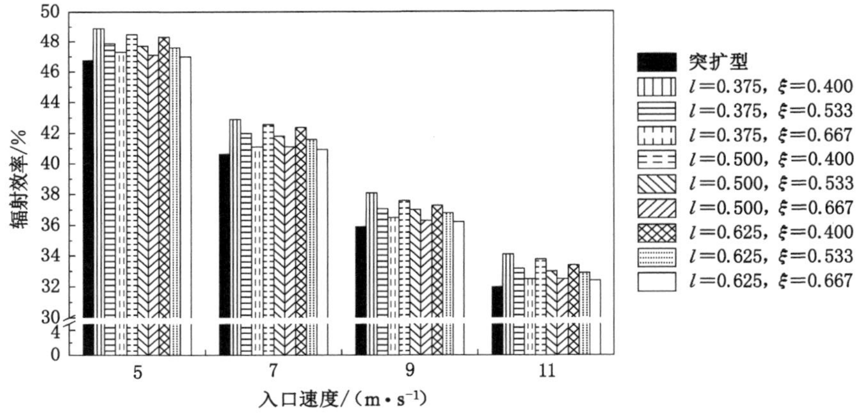

图 3-34　不同入口速度下燃烧器的辐射效率

3.4　本章小结

本章采用数值模拟的方法研究了不同尺寸下圆柱形燃烧器内耦合传热过程，并提出了一种缩放通道结构对微型辐射燃烧器传热性能进行强化。主要的研究结论如下：

（1）圆柱形燃烧器内表面的辐射热流密度远小于对流热流密度。当通道直径小于 5 mm 时，辐射热流密度对总热流密度的贡献占比小于 4.0%；而当通道直径为 11 mm 时，辐射热流密度对总热流密度的贡献占比可达到 9.5%左右。燃烧器外壁面散热损失以辐射热损失为主，对流热损失较小。通道直径越小，壁面热损率越大。通道直径为 1 mm 的燃烧器，在入口速度为 1 m/s 时的壁面热损率高达 73.6%。

（2）当圆柱形通道直径为 1 mm 和 3 mm 时，热辐射作用对火焰结构基本没有影响。当通道直径增加到 5 mm 时，热辐射作用会导致火焰锋面向下游移动，同时降低了热释放速率峰值大小。当通道直径增加到 7 mm 或者更大(9 mm 和 11 mm)时，热辐射作用会导致火焰锋面向上游移动，同时热释放速率峰值增大。

（3）与突扩型燃烧器相比，突扩-缩放型燃烧器可以提高外壁温度及其均匀性，缩放通道结构提高了燃烧器的辐射效率。在入口速度为 11 m/s 并且化学当量比为 1.0 的条件下，结构参数为 $\xi=0.400$ 及 $l=0.375$ 的缩放通道可以将燃烧器的平均外壁温度提高 23.1 K，辐射效率增加了 6.59%，同时外壁温度归一化标准偏差 T_{NSD}减小了 65.85%。

（4）当采用低导热系数的石英作为壁面材料时，缩放通道对于提升外壁温度水平作用极小，但却将 T_{NSD}降低了 52.10%，显著提升了外壁温度均匀性。缩放通道结构中的渐缩段形状与火焰形状吻合，使得化学反应区更靠近壁面，而渐扩段增加流体的扰动，从而增强高温气体与固体壁面之间的热传递。分析缩放通道结构参数发现，速度的变化并不会改变实现最优性能的缩放通道的结构参数，具有较小的无量纲喉部直径与位置($\xi=0.400$，$l=0.375$)的突扩-缩放型燃烧器可以实现性能最佳的外壁温度分布。

第 4 章　微型辐射燃烧器内旋流火焰稳定性研究

4.1　引言

旋流燃烧作为一种有效的火焰稳燃方式，已被广泛应用于工业设备中。通常，旋流燃烧时会在通道内产生回流区，回流区的存在不仅有利于气流的混合及热量的回流，促进燃烧反应，而且有利于锚定火焰。同时，旋流燃烧时的火焰长度较短并且结构紧凑。而微型辐射燃烧器的长度较短，入口处较高的来流速度会将火焰吹出燃烧器，因此短而紧凑的火焰结构更易被稳定在燃烧器内。因此，为了提高微型辐射燃烧器内的火焰稳定性，本书将旋流稳燃的概念引入微型辐射燃烧器内，针对旋流稳燃技术应用于微型辐射燃烧器内的可行性进行研究，分析了旋流式微型辐射燃烧器内氢气-空气预混燃烧特性，考察了入口速度、当量比及壁面材料对燃烧特性的影响，探究了入口混合物旋流强弱对微型辐射燃烧器内火焰稳燃极限的影响。

4.2　数值模拟方法

4.2.1　几何模型

图 4-1 为旋流式微型辐射燃烧器的几何结构，为研究方便，本书选取轴向旋流器，由旋流器叶片角度控制旋流数。但在实际应用的过程中，只要控制入口速度及旋流强弱条件相同，火焰的特征仍不发生改变。旋流式微型辐射燃烧器的详细几何参数列于表 4-1 中。

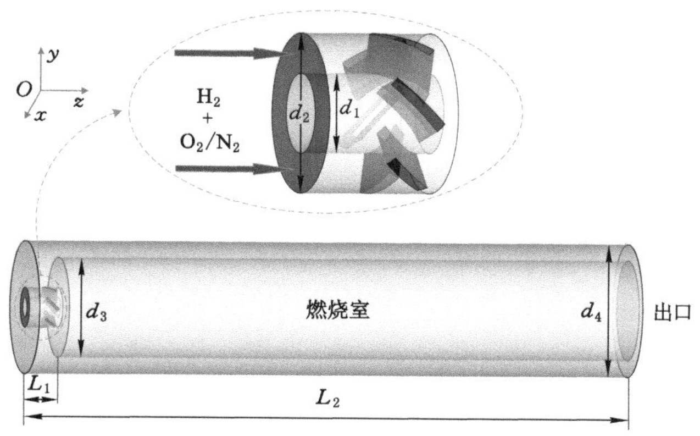

图 4-1　旋流式微型辐射燃烧器的几何结构

表 4-1　旋流式微型辐射燃烧器的几何参数

几何参数	d_1	d_2	d_3	d_4	L_1	L_2
数值/mm	0.6	1.2	3.0	4.0	1.0	18.0

旋流入口段长度和通道总长度分别为 1.0 mm 和 18.0 mm，微通道内径为 3.0 mm、外径为 4.0 mm，微通道的壁面厚度为 0.5 mm。轴向旋流器位于入口段，它由 6 个叶片角度(β)为 45°的直叶片构成，其内径为 0.6 mm，外径为 1.2 mm。燃烧器壁面材料为不锈钢。氢气-空气混合物通过旋流器内外径之间的环形管道送入燃烧室。衡量入口流体旋流强弱的一个参数，旋流数 S，定义如下：

$$S = \frac{2}{3}\left[\frac{1-(d_1/d_2)^3}{1-(d_1/d_2)^2}\right]\tan\beta = 0.78 \tag{4-1}$$

4.2.2　数值模型与方法

图 4-2 所示为不同网格数量下的燃烧器中心轴线上的温度分布。网格数量为 458 603 个时的中心线温度最小；当网格数量由 1 278 525 个增加到 2 182 781 个时，中心线温度分布差异非常小，表明对 1 278 525 个网格数量进一步加密并未产生较大的温度分布差异。因此，本章选择 1 278 525 个网格数量的网格结构进行数值计算。

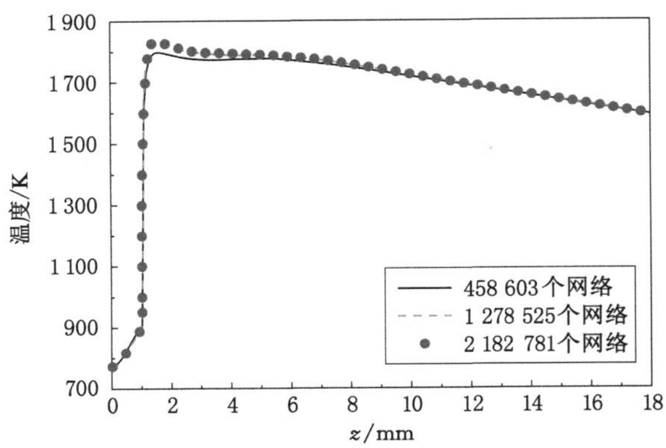

图 4-2　不同网格数量下的燃烧器中心轴线上的温度分布

4.3　氢气-空气旋流火焰燃烧特性

4.3.1　入口速度对火焰特性的影响

图 4-3 给出了在入口速度为 40 m/s 及化学当量比为 0.6 的条件下，旋流式微型辐射燃烧器中心截面流场、涡量、OH 质量分数和温度的分布云图。从图 4-3(a)中可以看出，该旋流火焰存在典型的回流区特征：位于燃烧室中间的中心回流区（IRZ，inner recirculation zone）和位于壁面附近的角落回流区（CRZ，corner recirculation zone）。流体在回流区中形成再循环流，从而增加了反应物的停留时间，同时回流区及其附近的低速区也有助于化学反应的发生。此外，在入口来流与中心回流区之间形成内剪切层（ISL，inner shear layer），在入口来流与角落回流区之间形成外剪切层（OSL，outer shear layer）[221]，剪切层附近存在较强的速度梯度。从图 4-3(b)中可以看出，在内剪切层和外剪切层附近可以观察到较为强烈的涡量。最大涡量位于旋流器出口的两侧，这主要是由于旋流器出口处的突然膨胀导致速度梯度变化加剧。另外，Katta 等[222]指出较大的速度梯度有利于增强优先扩散效应，而优先扩散有助于形成局部化学当量比较高的区域，促进火焰锚定[223]。从图 4-3(c)、(d)中可以看出，OH 自由基的高浓度区域以及高温区域主要集中于中心回流区，并且中心回流区的 OH 浓度明显大于角落回流区的 OH 浓度。上述结果表明，回流区可以用来锚定火焰从而提高了火焰的稳定性。值得注意的是，中心回流区 IRZ 在锚定火焰中起主要

作用,角落回流区 CRZ 起次要作用。

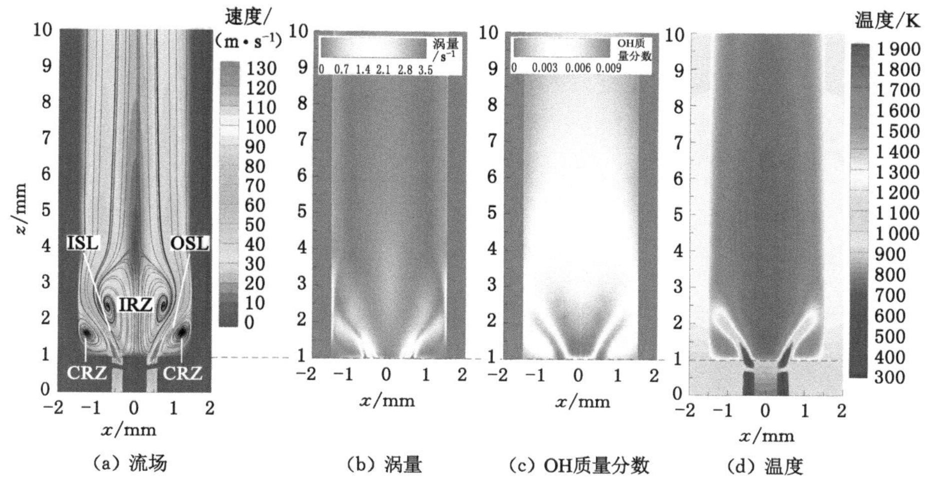

图 4-3　入口速度为 40 m/s、当量比为 0.6 时旋流式微型辐射燃烧器中心截面上的流场、涡量、OH 质量分数和温度分布云图

图 4-4 为当量比为 0.6 时不同入口速度下的旋流式微型辐射燃烧器中心截面上的 OH 质量分数、涡量及温度的分布云图。尽管入口速度的增加延长了 OH 自由基的分布区域,但 OH 自由基分布的浓度最大区域仍然出现在中心回流区的起始位置,表明中心回流区可以牢牢地稳定火焰根部并防止火焰根部向下游移动。由于燃料的化学能输入增加,燃烧室的整体温度随着入口速度的增加而升高,但最高火焰温度却随着入口速度的增加而降低。当入口速度分别为 20 m/s、40 m/s 和 60 m/s 时,对应的最高火焰温度分别为 1 869.7 K、1 833.9 K 和 1 812.4 K。这是因为较大的入口速度降低了反应物的停留时间,导致反应速率和燃烧效率均有所降低。

火焰在微通道内燃烧时,微通道固体壁面的导热作用会对火焰稳定性产生较大的影响[6,224]。在微通道内,反应物燃烧所释放的化学能与固体壁面之间进行对流换热,将壁面加热至高温状态,随后固体壁面的导热作用将下游热量传递至上游入口,从而对来流的反应物进行预热。较好的预热作用不仅可以提高反应速率,还能够改善火焰稳定性。图 4-5 为旋流式微型辐射燃烧器内的热流示意图。

如图 4-5 所示,高温燃烧产物传输热量到固体壁面,固体壁面将一部分热量

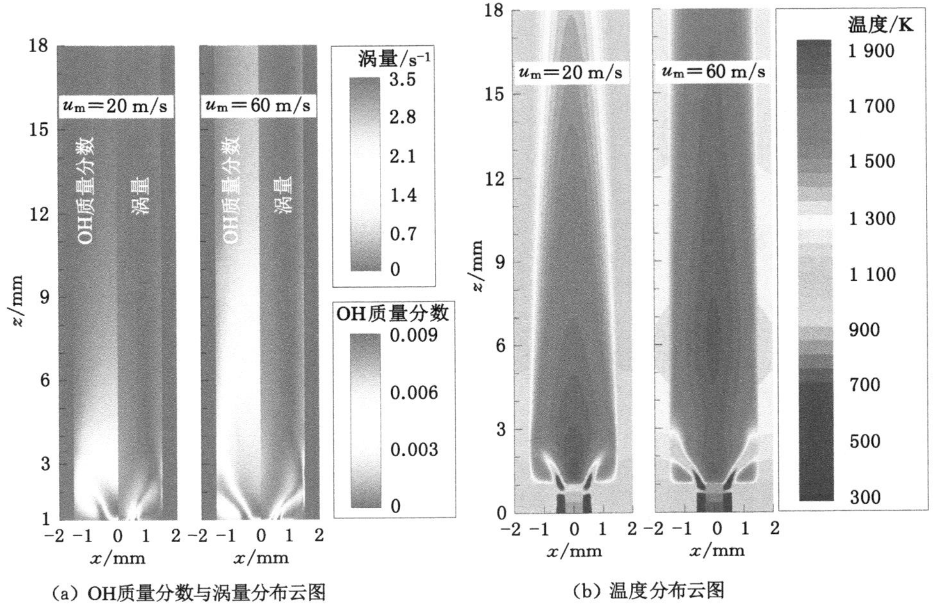

(a) OH质量分数与涡量分布云图

(b) 温度分布云图

图 4-4 当量比为 0.6 时不同入口速度下的旋流式微型辐射燃烧器中心截面上的 OH 质量分数、涡量及温度的分布云图

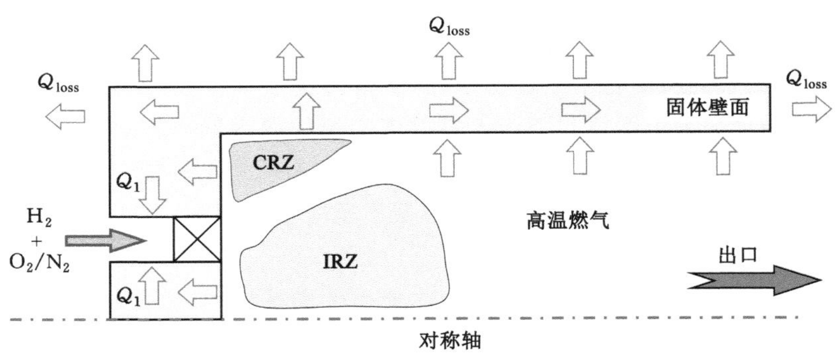

图 4-5 旋流式微型辐射燃烧器内的热流示意图

通过燃烧器外壁面散失到周围环境中，即壁面散热量(Q_{loss})；另一部分热量通过入口部分(即从入口处到旋流器出口处之间的部分)传递给来流反应物，即预热量(Q_1)。如前所述，IRZ 在火焰锚固中占主导地位，而 CRZ 起次要作用。但应

注意，CRZ 有助于增加入口部分的传热，从而产生更好的预热效果。

不同入口速度下的旋流式微型辐射燃烧器的外壁温度分布（当量比为 0.6）在图 4-6 中进行展示。可以看出，入口速度为 20 m/s 的外壁温度最低，因为输入燃烧室的燃料化学能最少。但当入口速度逐渐增大，燃烧器下游部分（z=3 mm 至出口）的外壁温度逐渐升高。但是在入口至 z=3 mm 之间，入口速度为 40 m/s 的外壁温度要高于入口速度为 60 m/s 的外壁温度。这是因为入口速度较大时，火焰传播速度更高，使得反应区向下游移动，从而导致高温区域向下游移动。

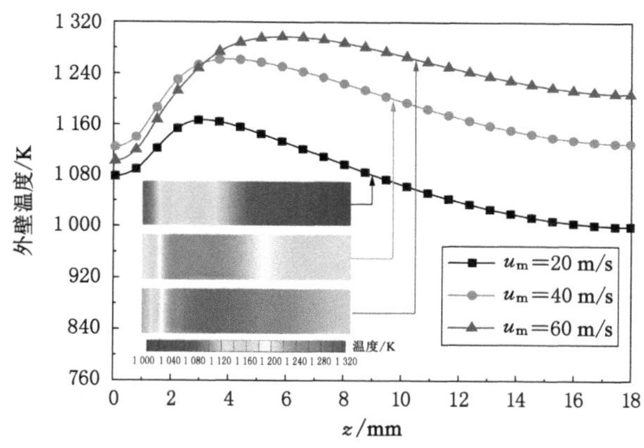

图 4-6　不同入口速度下的旋流式微型辐射燃烧器外壁温度分布（当量比为 0.6）

图 4-7 给出了不同入口速度下的旋流器出口温度、预热量（Q_1）和壁面散热量（Q_{loss}）及其对应的预热率及壁面热损失率（当量比为 0.6）。预热率和壁面热损失率分别定义为预热量和壁面散热量与燃烧器输入的燃料化学能之比。如图 4-7(a)所示，入口速度为 20 m/s、40 m/s 和 60 m/s 时的燃烧器预热量分别为 5.8 W、8.5 W 和9.7 W，壁面散热量分别为 14.1 W、20.2 W 和 23.4 W。由于入口速度的增加提高了燃烧放热量，导致壁面温度升高及传热增强，因此预热量和壁面散热量都会随入口速度的增加而增加。速度为 60 m/s 时的入口部分外壁温度虽然低于速度为40 m/s 时的入口部分外壁温度（图 4-6），但是速度为 60 m/s 时的预热量却大于速度为 40 m/s 时的预热量。这主要是由于速度为 60 m/s 时的来流气体与壁面间的对流换热系数较大的原因。从图 4-7(b)中可以看出，预热率及壁面热损失率随入口速度的增加而降低，这是因为入口速度的增加导致输入的燃料化学能变大。较大的预热率意味着来流反应物可以更好地

被预热,较大的壁面热损失率则不利于火焰的稳定。提高反应物的入口温度可以增大燃烧反应速率,并且缩减点火延迟时间,从而延长了反应物的相对停留时间。因此,在这里可以使用旋流器出口温度进一步解释预热效果,如图 4-7(a)所示。入口速度为 20 m/s、40 m/s 和 60 m/s 时的旋流器出口温度分别为 584.7 K、521.6 K 和 472.5 K,表明较低的入口速度可获得更好的预热效果。小的来流速度会增加对流传热时间同时降低来流气体总量,因此旋流器出口温度较高。此外,入口速度为 20 m/s 时的预热效果最好,此时火焰温度也最高,为 1 869.7 K。该旋流式微型辐射燃烧器内的反应区位于旋流器出口平面的下游,旋流器出口温度的升高使得反应速率加快,从而提高了火焰稳定性。基于以上分析,可以得出如下结论:来自固体壁面的回热作用与旋流产生的回流区耦合作用,有助于改善燃烧器的火焰稳定性。

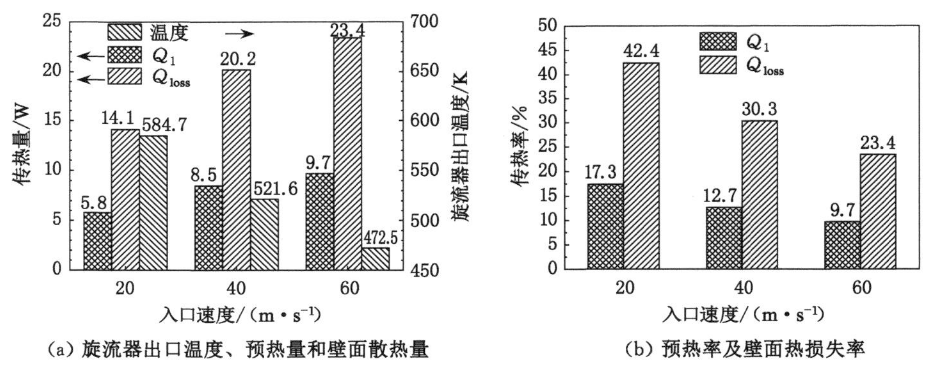

(a) 旋流器出口温度、预热量和壁面散热量

(b) 预热率及壁面热损失率

图 4-7 不同入口速度下的旋流器出口温度、预热量和壁面散热量及其对应的预热率及壁面热损失率(当量比为 0.6)

4.3.2 当量比对火焰特性的影响

本小节研究了氢气-空气混合物的当量比 Φ 对火焰稳定性的影响。其中,入口速度固定为 40 m/s,当量比从 0.4 变化到 0.7。图 4-8 为当量比分别为 0.4、0.5、0.6 和 0.7 时,旋流式微型辐射燃烧器中心截面上的 OH 质量分数分布云图。由图 4-8 可见,随着当量比的增加,OH 自由基的浓度变大,化学反应变得更加强烈,燃烧释放的化学热也增加。因此,燃烧器内的最高火焰温度和最大 OH 质量分数也随着当量比的增加而增加,如图 4-9 所示。在相同的入口速度条件下,当量比越大,入口混合物中氢气含量越高,此时燃烧释放的化学热增多。

此外，OH 自由基浓度较高的区域均被牢牢地固定在回流区内，尤其是中心回流区，表明燃烧化学反应区发生在回流区域内，而且火焰根部也被牢牢地固定在回流区内。

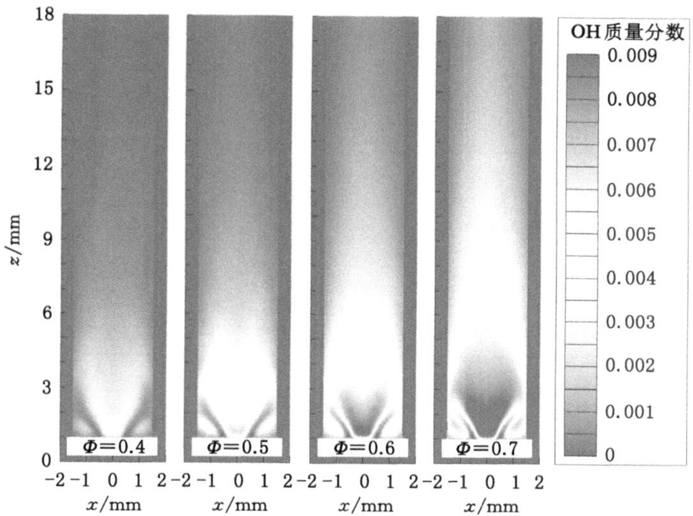

图 4-8　不同当量比下旋流式微型辐射燃烧器中心截面上的 OH 质量分数分布云图

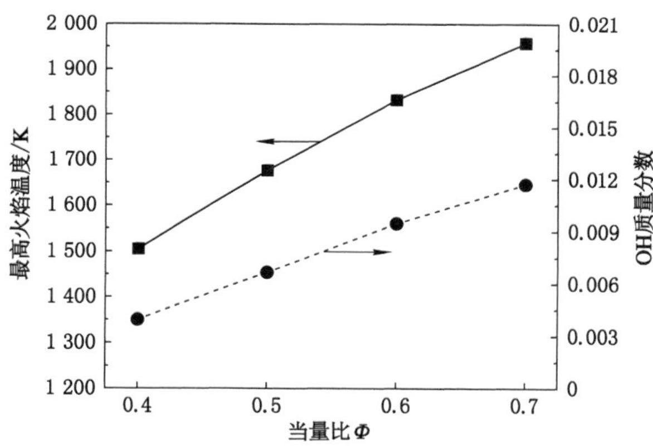

图 4-9　不同当量比下旋流式微型辐射燃烧器内的最高火焰温度及最大 OH 质量分数

图 4-10 为不同当量比下旋流式微型辐射燃烧器内的中心回流区 IRZ 下游所在位置的分布图。从图 4-10 中可以清楚看出，随着当量比的增加，中心回流

区 IRZ 下游所在位置逐渐向上游移动，角落回流区 CRZ 变化十分微小。这是因为氢气在贫燃时，随着当量比增加，火焰更容易被点燃并且燃烧反应速率更高，从而导致火焰锋面向上游移动。

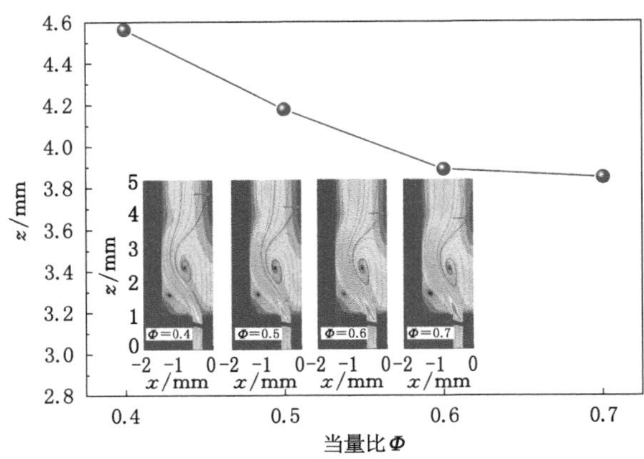

图 4-10　不同当量比下旋流式微型辐射燃烧器内的中心回流区 IRZ 下游所在位置

图 4-11 给出了不同当量比下的旋流器出口温度、预热量(Q_1)和壁面散热量(Q_{loss})及其对应的预热率及壁面热损失率。由图 4-11(a)可以看出，当量比从 0.4 增加到 0.7 时，预热量 Q_1 从 6.1 W 增加到 9.3 W，壁面散热量 Q_{loss} 从 11.1 W 增加到 24.6 W。相应地，预热率几乎保持稳定在 12.7%左右，而壁面热损失率却从 $\Phi=0.4$ 时的 23.3%增加到 $\Phi=0.7$ 时的 32.8%。实际上，当量比越大时氢气-空气混合物中的氢气含量更高，这意味着燃烧时可以释放出更多的化学热。因此，燃烧室内气体温度以及固体壁面温度水平均随当量比的提高而提高，从而产生更强的预热效果，但也会造成更大的散热损失。不同当量比下旋流器出口温度如图 4-11(a)所示。从图 4-11(a)中可以看出，旋流器出口温度随当量比的提高而呈现上升的趋势。在 $\Phi=0.4$ 时，旋流器出口温度最低，约为 459.8 K；Φ 增加到 0.7 时，旋流器出口温度比 $\Phi=0.4$ 时的旋流器出口温度高 81.6 K。因此，当量比的增加可以使进入燃烧室的反应物获得更好的预热作用，从而提升火焰稳定性。

链式反应作为化学反应过程中的重要环节，氢气燃烧机理中的链式反应如下：

$$H+O_2=OH+O \tag{R1}$$

$$H_2+O=OH+H \tag{R2}$$

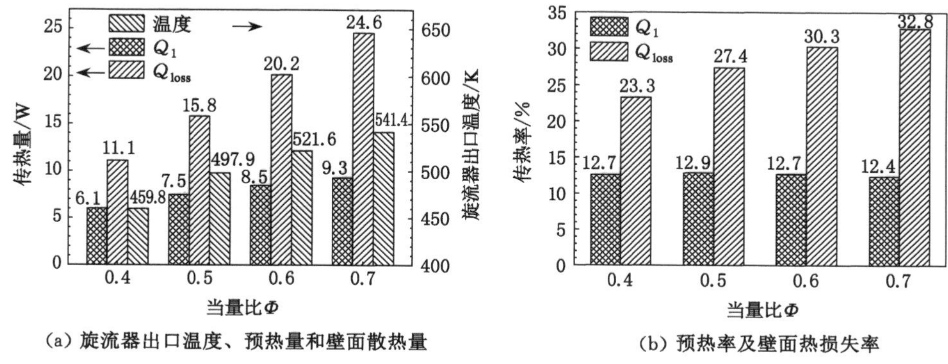

(a) 旋流器出口温度、预热量和壁面散热量　　(b) 预热率及壁面热损失率

图 4-11　不同当量比下的旋流器出口温度、预热量和壁面散热量及其对应的预热率及壁面热损失率

$$H_2+OH=H_2O+H \tag{R3}$$

$$H_2O+O=OH+OH \tag{R4}$$

中间自由基 O、H、OH 在氢气氧化过程起到了关键作用。图 4-12 给出了旋流式微型辐射燃烧器中心截面上不同轴向位置（$z=1.5$ mm、$z=2.5$ mm、$z=3.5$ mm）处的轴向速度 v_z，温度 T 及 O、H、OH 自由基质量分数（Y_O、Y_H、Y_{OH}）的径向分布图，图中阴影部分标记区域为轴向速度小于零的区域。

在图 4-12(a)中轴向位置 $z=1.5$ mm 处，中心回流区和角落回流区均存在，高温区域及 OH 高浓度区域主要位于回流区内。另外，O 和 H 自由基的分布都有 4 个波峰，主要位于剪切层附近。剪切层附近主要是化学反应开始发生的地方。随后，剪切层附近的 O 和 H 自由基开始扩散到回流区中。回流区为燃烧反应所需的自由基提供了聚集池，有利于火焰锚定。在图 4-12(b)、(c)中轴向位置 $z=2.5$ mm 和 $z=3.5$ mm 处，仅存在中心回流区，并且高温区域及 OH 高浓度区域仍主要位于该回流区域内。O 和 H 自由基的峰值主要位于回流区与壁面之间的高速来流区域的附近。活性自由基在来流区域中向回流区的扩散，有助于维持回流区中火焰根部较高的化学反应活性，同时较高的活性自由基浓度可以加快 O_2 和 H_2 的消耗，因而可提高火焰稳定性。

4.3.3　壁面材料对火焰特性的影响

如前所述，固体壁面的回热作用可以提高来流反应物的温度，从而提高反应速率和火焰稳定性。因此，本小节重点考察了不同的固体壁面材料对旋流式微

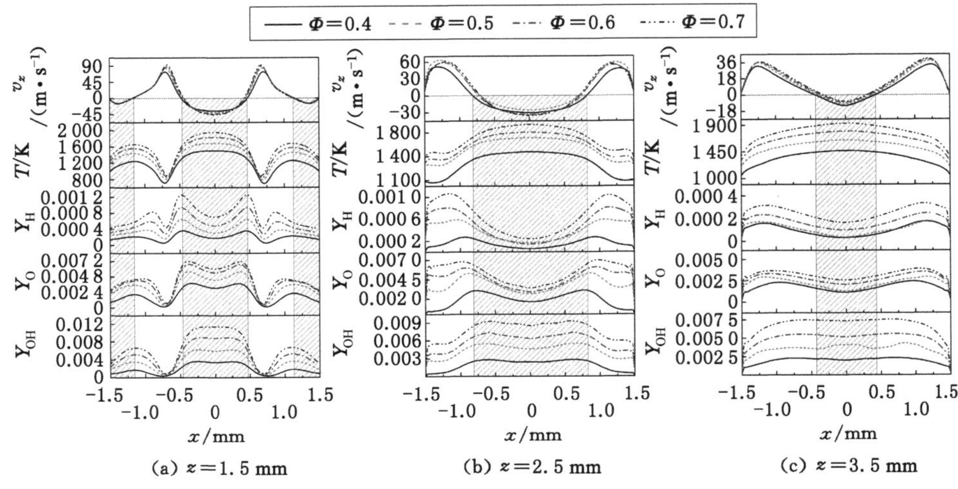

图 4-12 旋流式微型辐射燃烧器中心截面上不同轴向位置处的轴向速度，温度及 O、H、OH 自由基质量分数分布图

型辐射燃烧器内火焰燃烧特性的影响，选择了石英、不锈钢、碳化硅材料进行研究。在本小节中，固定入口速度为 40 m/s、当量比为 0.6。

图 4-13 为不同壁面材料的旋流式微型辐射燃烧器中心截面上的 OH 浓度及速度场分布云图。由石英、不锈钢和碳化硅三种材料制成的旋流式微型辐射燃烧器中心截面上，OH 质量分数最大值分别为 0.008 84、0.009 46 和 0.009 63。随着壁面材料导热系数的增加，中心截面上 OH 质量分数最大值变大。回流区的变化受壁面材料影响较小。此外，由图 4-13 可知，壁面材料为碳化硅时的旋流器出口速度最大，而壁面材料为石英时的旋流器出口速度最小。这与入口部分预热作用的强弱有关，较好的预热效果可以增强气体热膨胀效应，从而提高旋流器的出口速度。

图 4-14 和图 4-15 分别给出了采用三种壁面材料时的旋流式微型辐射燃烧器外壁温度和中心截面温度分布。由于碳化硅和不锈钢的导热系数明显大于石英的导热系数，因此碳化硅和不锈钢材料的燃烧器入口部分外壁温度更高，从而可产生更好的预热效果。此外，碳化硅和不锈钢材料的燃烧器入口部分外壁温度差异较小，但因为碳化硅导热系数比不锈钢大，导致碳化硅固体壁面间的导热作用更强，因此壁面材料为碳化硅时的燃烧器的入口部分壁面温度更加均匀(图 4-15)，有利于对入口反应物进行预热。此外，由于石英高热阻(较低的导热

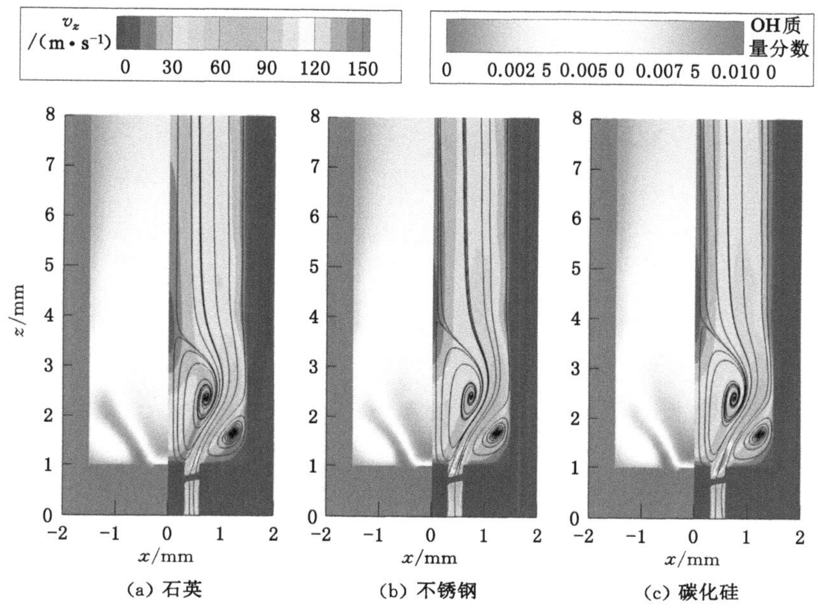

图 4-13　不同壁面材料的旋流式微型辐射燃烧器中心截面上 OH 质量分数(左)以及速度场(右)分布云图

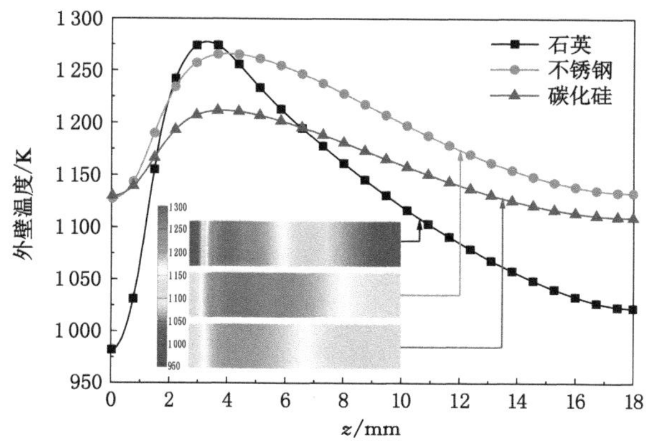

图 4-14　不同壁面材料的旋流式微型辐射燃烧器外壁温度分布

系数)特性抑制了热量在壁面的传导,导致壁温在靠近火焰高温区部分温度很高,而在燃烧器的入口和出口附近的壁温较低,壁面温度分布存在较大差异。

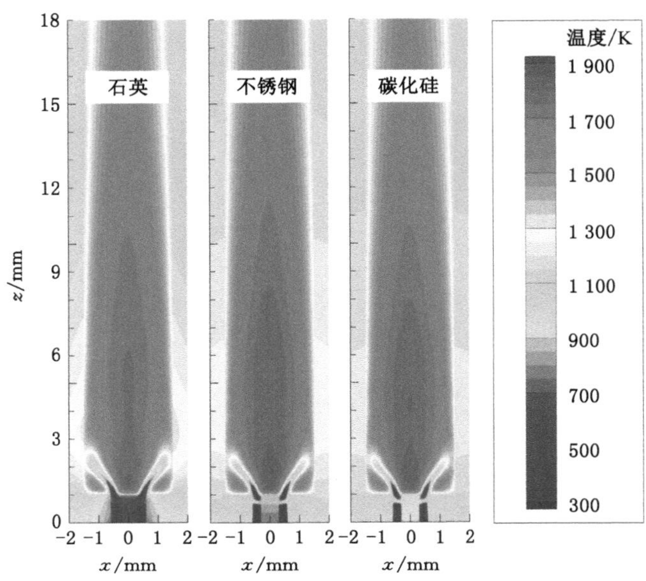

图 4-15　不同壁面材料的旋流式微型辐射燃烧器中心截面温度分布

图 4-16 为不同壁面材料时的旋流式微型辐射旋流器出口温度、预热量和壁面散热量及其对应的预热率及壁面热损失率。石英材料时的预热量和预热率最小，分别为 4.3 W 和 6.5%；碳化硅材料时的预热量和预热率最大，分别为 9.4 W 和 14.1%。这组数据说明导热系数越大，预热效果就越好。相应地，旋流器出口温度可以从 418.7 K 提高到 544.9 K。较高的旋流器出口温度可以提高化学反应速率，增大燃烧强度，从而提高火焰温度。由石英、不锈钢和碳化硅三种材料制成的旋流式微型辐射燃烧器内的最高火焰温度分别为 1 808.9 K、1 833.9 K 和 1 835.3 K。还应注意，壁面材料的发射率在壁温分布和壁面散热损失中发挥了重要作用。通过比较不锈钢材料和碳化硅材料时的外壁温度分布和壁面散热量可知，由于碳化硅的发射率较大，因此虽然碳化硅材料时的外壁温度低于不锈钢材料时的外壁温度，但碳化硅材料时的壁面热损失率(32.3%)仍高于不锈钢材料时的壁面热损失率(30.3%)。材料较低的发射率有利于降低壁面散热损失，壁面散热损失减小有利于提高火焰稳定性。

图 4-17 是不同壁面材料时的旋流式微型辐射燃烧器中心截面上轴向位置 z=1.5 mm 处的轴向速度 v_z 及 O、H、OH 自由基质量分数(Y_O、Y_H、Y_{OH})的径向分布图。在图 4-17 中，同样采用阴影部分标记轴向速度小于零的区域。由于碳

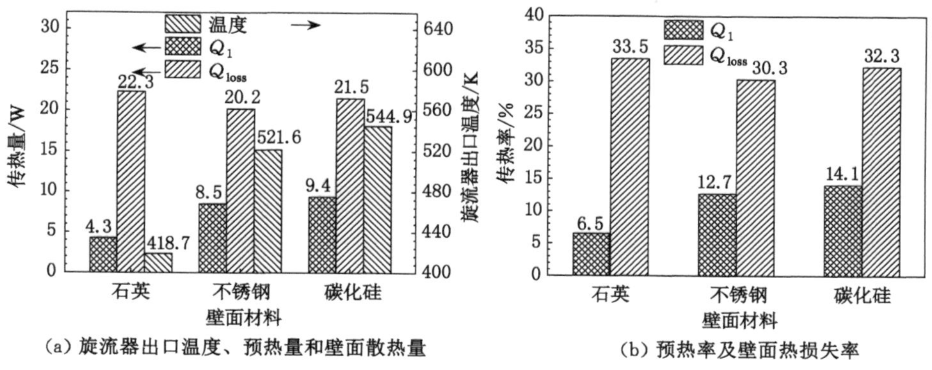

(a) 旋流器出口温度、预热量和壁面散热量　　(b) 预热率及壁面热损失率

图 4-16　不同壁面材料时的旋流器出口温度、预热量和壁面散热量及其对应的预热率及壁面热损失率

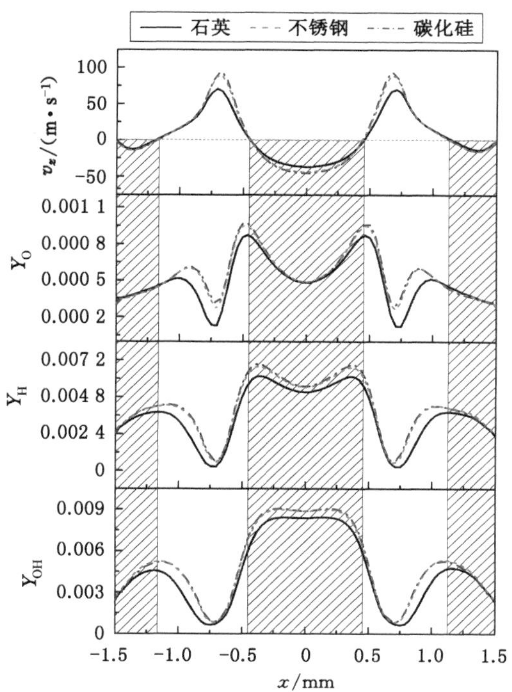

图 4-17　不同壁面材料时的旋流式微型辐射燃烧器中心截面上 $z=1.5$ mm 处的轴向速度及 O、H、OH 自由基质量分数分布图

化硅材料的预热效果最好，因此轴向位置 $z=1.5$ mm 处的轴向速度最大。此外，O、H 和 OH 自由基的质量分数随壁面材料导热系数的增加而增加，表明采用高导热系数材料有利于提高化学反应速率以增强火焰稳定性。不同壁面材料时的旋流式微型辐射燃烧器中心截面上轴向位置 $z=1.5$ mm 处的链式反应的反应速率如图 4-18 所示。反应 R1、R2 和 R3 的反应速率分布曲线与图 4-17 中的自由基分布曲线类似，都有 4 个位于剪切层附近的波峰。对于反应 R4 "$H_2O+O=OH+OH$"，反应速率为负值表示逆向反应占据主导地位，也就是说图 4-18(d)中反应 R4 的反应速率波谷位置代表 OH 自由基正在快速消耗。此外，不锈钢和碳化硅材料时的反应速率（绝对值）明显高于石英材料时的反应速率（绝对值），这表示采用高导热系数的壁面材料将增强链式反应的反应强度。高导热系数的壁面材料可以更好地预热来流反应物，进而促进氢气燃烧时链式反应的引发，从而提高火焰的稳定性。

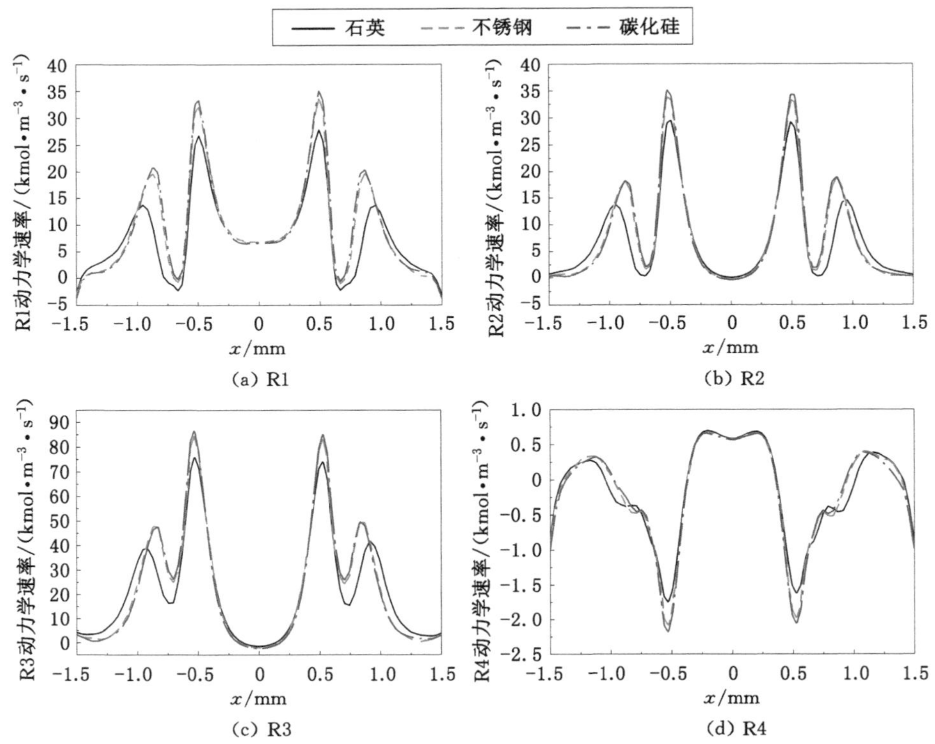

(a) R1　(b) R2

(c) R3　(d) R4

图 4-18　不同壁面材料时 $z=1.5$ mm 处的链式反应的反应速率图

4.4　叶片角度对旋流火焰稳燃极限的影响

在旋流式微型辐射燃烧器内，回流区特征在火焰的稳定过程中发挥重要的作用。因此本节考察了对回流区特征影响较大的旋流器的叶片角度对氢气-空气预混火焰稳定性的影响。不同叶片角度(β)的旋流式微型辐射燃烧器的几何结构如图 4-19 所示。不同叶片角度对应的旋流数在表 4-2 中列出，其中 β 依次是 0°、15°、30°、45°和 60°。

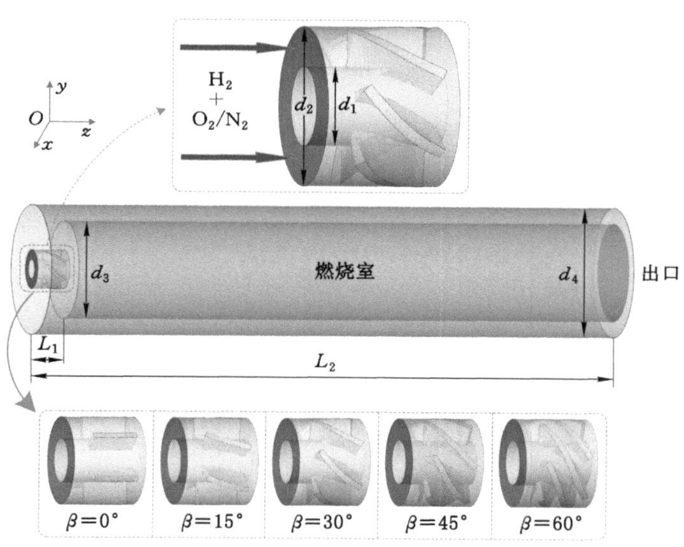

图 4-19　不同叶片角度的旋流式微型辐射燃烧器的几何结构

表 4-2　不同叶片角度对应的旋流数

叶片角度 β	旋流数 S
0°	0
15°	0.21
30°	0.45
45°	0.78
60°	1.35

本书中的稳燃极限主要是指贫燃工况下的可燃极限和吹熄极限，其中贫燃

工况下的可燃极限是通过保持入口混合物速度不变，逐渐减小混合物当量比，将火焰能够在燃烧室内维持稳定燃烧对应的最小当量比记为可燃极限。吹熄极限计算方法与文献[225]、[226]中一致，吹熄极限定义为最大的可燃速度，入口速度以 0.1 m/s 的速度间隔逐渐增加，直至火焰发生吹熄，燃烧室内温度场降为与来流反应物温度一致，此时的入口速度即为吹熄极限[225-226]。

图 4-20 为不同入口速度下旋流器叶片角度对可燃极限的影响。从图 4-20 中可以看出，当燃烧器的叶片角度不变时，入口速度的增加导致可燃极限范围变窄。这是因为入口速度增加可以提高火焰传播速度，从而导致火焰在更高的当量比下熄火。与 $\beta=0°$的可燃极限相比，$\beta=15°$的可燃极限范围要更窄，这意味着 β 从 0°增加到 15°，燃烧器的稳定燃烧范围变窄。此外，β 为 30°、45°和 60°的燃烧器的可燃极限差异很小，并且他们的可燃极限范围比 β 为 0°和 15°的更宽。这意味着燃烧器采用合适的叶片角度可以显著拓宽氢气-空气火焰的可燃下限，从而提高燃烧稳定性。

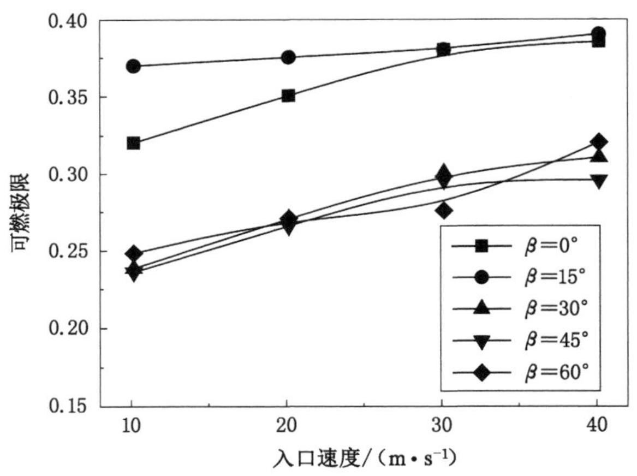

图 4-20　不同入口速度下旋流器叶片角度对可燃极限的影响

图 4-21 给出了不同叶片角度的旋流式微型辐射燃烧器在当量比为 0.4 时的吹熄极限。当量比为 0.4 时，$\beta=0°$的燃烧器的吹熄极限(63.2 m/s)大于 $\beta=15°$的燃烧器的吹熄极限(53.1 m/s)；$\beta=30°$的燃烧器的吹熄极限最大，约为 78.9 m/s。当叶片角度大于 30°时，吹熄极限随叶片角度的增加而降低。由此可见，与非旋流式微型辐射燃烧器相比，适当叶片角度的旋流式微型辐射燃烧器可以显著提高火焰吹熄极限。下面主要从流场、火焰结构及传热特性等角度对上述现象进行详细的分析。

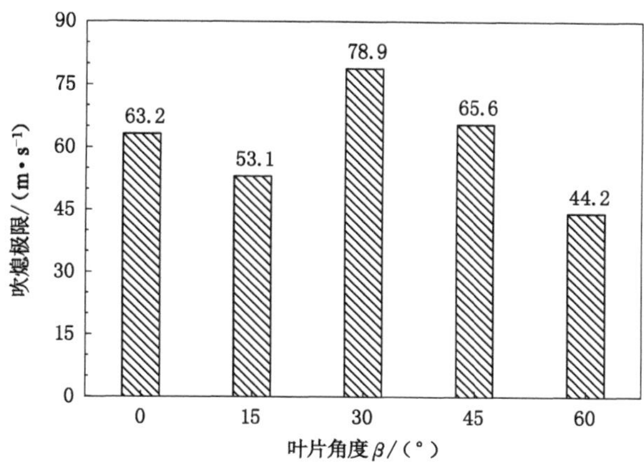

图 4-21　当量比为 0.4 时不同叶片角度的旋流式微型辐射燃烧器的吹熄极限

4.4.1　叶片角度对流场和火焰结构的影响

在本小节中，我们分析了叶片角度对流场和火焰结构的影响，以更好地了解稳燃极限的差异。本节选取了当量比为 0.4 的情况进行分析，这是因为在此贫燃工况下 5 个叶片角度的燃烧器均能实现稳定燃烧，同时该当量比也更加靠近可燃极限。图 4-22 显示了当量比为 0.4，入口速度(u_m)分别为 20 m/s、30 m/s 和 40 m/s 时不同叶片角度的旋流式微型辐射燃烧器中心截面温度与流线叠加图(左侧显示)及 OH 质量分数与 $v_z=0$ m/s 等值线叠加图(右侧显示)。

如图 4-22 所示，当 β 为 0°和 15°，燃烧器内的回流区特征相似，燃烧器中心线上存在极小的中心回流区，该回流区主要是由旋流器中心钝体造成的，而且该回流区对火焰的稳定性影响也极小。β 为 0°和 15°的燃烧器内较大的回流区主要位于突扩台阶与壁面拐角处的角落回流区。从 OH 质量分数分布可以看出，燃烧反应区主要从角落回流区开始，然后沿内壁向下游延伸。因此，β 为 0°和 15°时的中心回流区对火焰稳定性的影响极小，而角落回流区用于锚定火焰根部，防止火焰根部被吹向下游。对比 $\beta=0°$ 和 $\beta=15°$ 时的角落回流区发现，$\beta=15°$ 时的角落回流区长度小于 $\beta=0°$ 时的角落回流区长度。例如，当入口速度为 40 m/s 时，$\beta=0°$ 和 $\beta=15°$ 时的角落回流区长度分别为 6.36 mm 和 5.34 mm。这与 $\beta=15°$ 时的吹熄极限小于 $\beta=0°$ 时的吹熄极限以及 $\beta=15°$ 时的可燃范围窄于 $\beta=0°$ 时的可燃范围一致。这说明角落回流区对 β 为 0°和 15°的燃烧器的火焰稳定性至关重要，角落回流区越大，火焰的可燃范围越宽、吹熄极限越大。

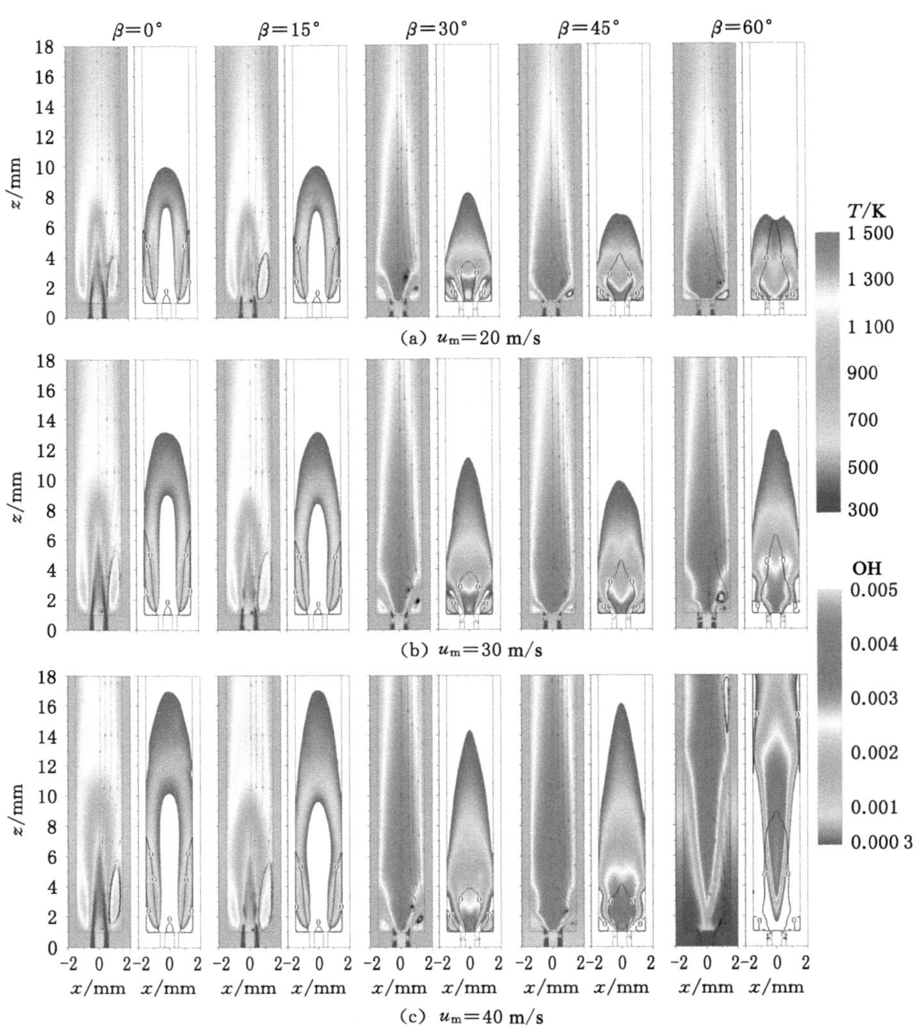

图 4-22　不同入口速度下不同叶片角度的燃烧器中心截面温度与流线叠加图(左)及 OH 质量分数与 $v_z=0$ m/s 等值线叠加图(右)(当量比为 0.4)

当叶片角度 β 等于或大于 30°时，回流区特征和火焰结构会发生明显变化，如图 4-22 所示。回流区特征如下：旋流器中心钝体下游形成较大的中心回流区，而角落回流区将缩小，并且小于中心回流区。分析图 4-22 中 OH 自由基质量分数分布可知，当叶片角度 β 等于或大于 30°时，OH 质量分数较大的区域主要位于中心回流区，说明火焰根部主要锚定在中心回流区中，而此时的 OH 质量分数也明显大于 β 为 0°和 15°时的 OH 质量分数，表明氢气在叶片角度为 30°、45°和 60°的旋流式微型辐射燃烧器内的燃烧强度更高，相应的火焰温度也较高。如图 4-23 所示，β 为 30°、45°和 60°时的燃烧室内最高火焰温度和最大 OH 质量分数明显大于 β 为 0°和 15°时的。这主要是因为中心回流区的形成使火焰变得更加紧凑，而且燃烧反应主要集中于中心回流区内，导致燃烧强度显著增加。此外，当叶片角度 β 等于或大于 30°时，随着叶片角度的增加，中心回流区长度也增加，但是吹熄极限却逐渐降低，说明过大的中心回流区长度不利于火焰稳定。由于旋流强度过大导致中心回流区过长，致使火焰根部也随着中心回流区向下游延伸，不利于火焰的稳定。

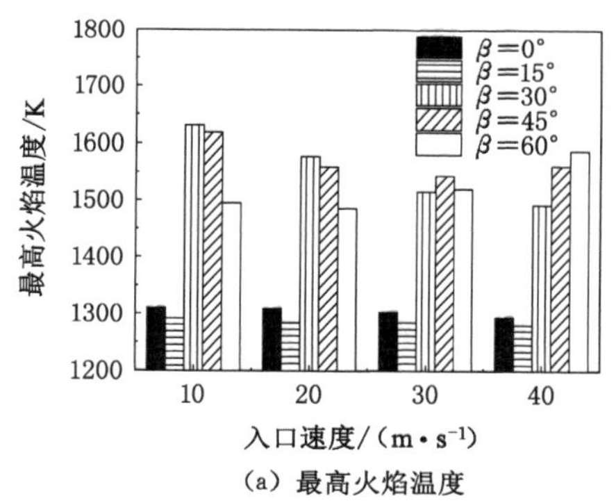

(a) 最高火焰温度

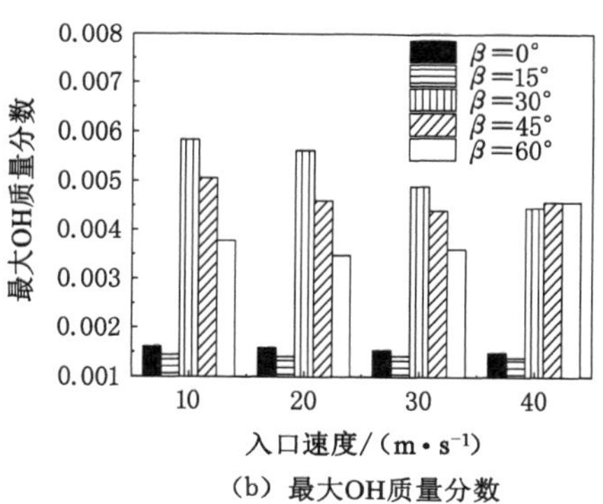

(b) 最大OH质量分数

图 4-23　当量比为 0.4 时不同叶片角度的燃烧室内最高火焰温度和最大 OH 质量分数

4.4.2　叶片角度对传热特性的影响

图 4-24 给出了当量比为 0.4 时不同入口速度下叶片角度对燃烧器外壁温度分布的影响。由图 4-24(a)、(b)可以看出，β 为 0°和 15°时的上游外壁温度值明显小于 β 为 30°、45°和 60°时的上游外壁温度值。这是因为当 β 等于或大于 30°时，燃烧室内角落回流区域内存在高温气体，强化了气体向壁面的传热，外壁温度水平随着 β 的增加而增加。这意味着当入口速度相对较小时，增加 β 可以改善燃烧器的辐射性能。此外，如图 4-24(c)、(d)所示，当 β 等于或大于 30°时，上游外壁温度值随着 β 的增加而显著降低，同时增加入口速度明显降低上游外壁温度值。这是因为较大的入口速度和较大的叶片角度均会导致燃烧室内火焰

高温反应区向下游移动，从而降低了上游外壁温度分布。

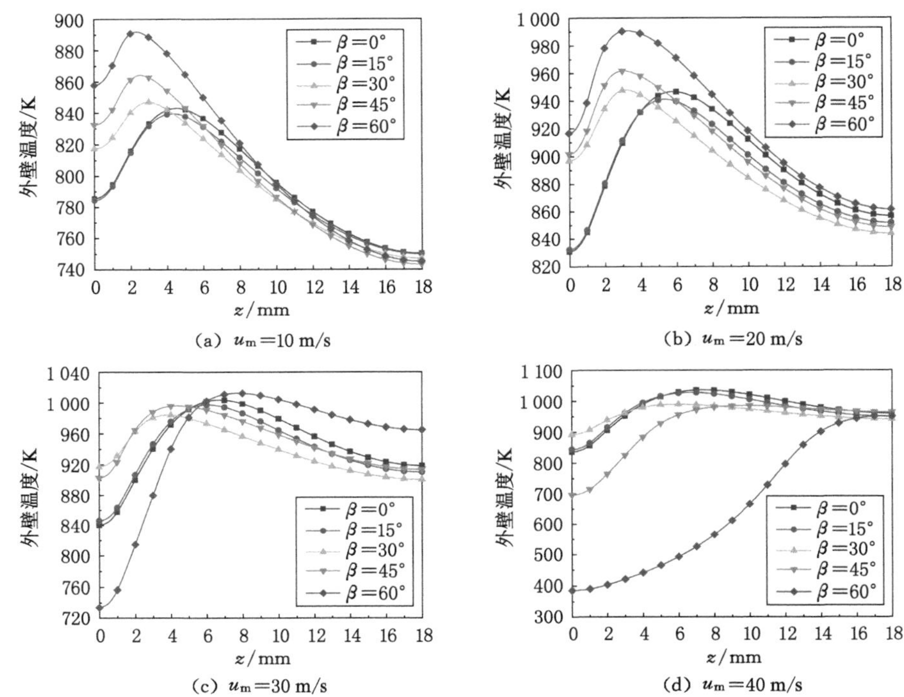

图 4-24　当量比为 0.4 时不同入口速度下叶片角度对燃烧器外壁温度分布的影响

图 4-25 给出了当量比为 0.4 时不同入口速度下叶片角度对燃烧器外壁温度均匀性的影响。当入口速度为 10 m/s 或 20 m/s 时，$\beta=15°$时的 T_{NSD}最小同时 T_{NSD}随着 β 的增加而增加，这意味着较大的 β 会降低外壁温度分布的均匀性。当入口速度为 30 m/s 或 40 m/s 时，$\beta=30°$时的 T_{NSD}最小。值得注意的是，当入口速度为 40 m/s 时，$\beta=60°$的 T_{NSD}约为 28.7%。这是因为入口速度为 40 m/s 时，$\beta=60°$时的燃烧器上游的外壁温度很低，增加了外壁温度差。

图 4-26 给出了当量比为 0.4 时不同叶片角度时的预热率和旋流器出口温度随入口速度的变化。预热率与旋流器出口温度的变化趋势相似，这也证实了较大的预热能量可以在燃烧室内化学反应发生前将入口混合物加热到较高的温度。对比 $\beta=0°$和 $\beta=15°$的燃烧器发现，预热率的差异和旋流器出口温度的差异都非常小，说明 $\beta=0°$和 $\beta=15°$的燃烧器内预热效果基本一样。当叶片角度 β 等于或大于 30°时，入口速度较小时，预热率随叶片角度的增加而增加，如

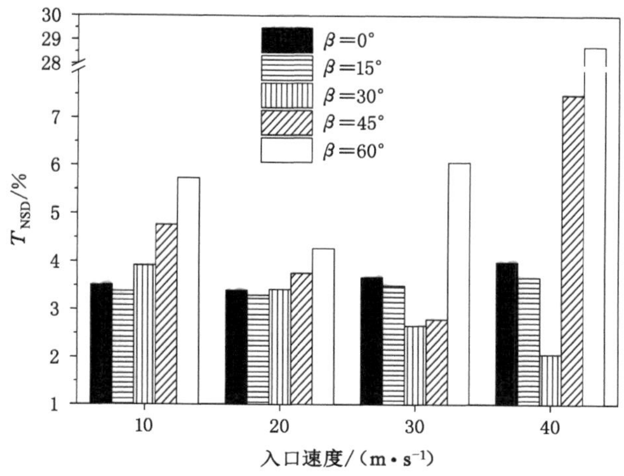

图 4-25　当量比为 0.4 时不同入口速度下叶片角度对燃烧器外壁温度归一化标准差的影响

图 4-22(a)所示,较大的 β 可以使高温反应区更集中在旋流器出口的下游位置,从而提高预热效果。当入口速度较大时,由于火焰根部向下游移动,此时的预热率随叶片角度的增加而降低。在入口速度较高的情况下,较大的 β 会导致角落回流区域内化学反应熄灭,降低预热效果。

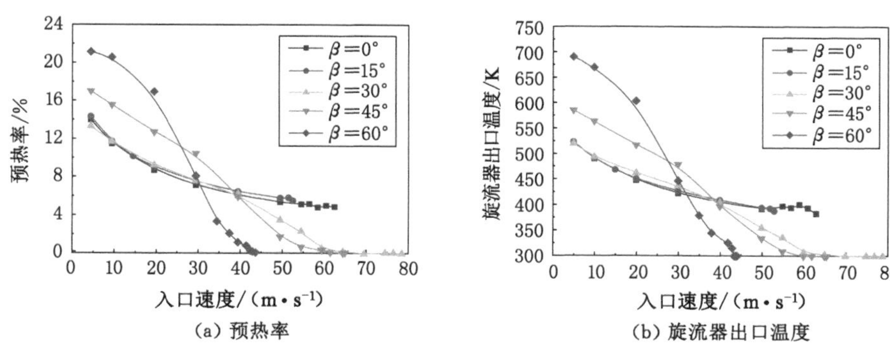

图 4-26　当量比为 0.4 时不同叶片角度时的预热率和旋流器出口温度随入口速度的变化

图 4-27 给出了当量比为 0.4 时不同叶片角度时的壁面热损失率和平均外壁温度随入口速度的变化。首先,对比 $\beta=0°$ 和 $\beta=15°$ 的燃烧器发现,壁面热损

失率的差异和平均外壁温度的差异都非常小，说明 $\beta=0°$ 和 $\beta=15°$ 的燃烧器内热损失基本一样。当叶片角度 β 等于或大于 30°且入口速度较小时，壁面热损失率的差异非常小；当入口速度较大时，壁面热损失率随叶片角度的增加而降低。此外，在入口速度较大的情况下，$\beta=0°$ 和 $\beta=15°$ 时的壁面热损失率高于 β 为 30°、45°和 60°时的壁面热损失率。较大的热损失不利于火焰稳定。对于平均外壁温度，当 β 为 0°和 15°时，其值随入口速度的增加而增加；而当 β 为 30°、45°和 60°时，其值随入口速度的增加先增大后减小。这意味着当 β 为 0°和 15°时，由角落回流区锚定的火焰根部位置不易受到入口速度增加的影响；在较高的来流速度下，角落回流区下游附近较大的剪应力和热损失导致火焰锋面断裂而发生熄灭，因此在火焰即将吹熄时，燃烧器外壁温度仍保持较高水平。而当 β 为 30°、45°和 60°时，中心回流区锚定的火焰根部位置将在较高的来流速度作用下向下游移动，从而降低平均外壁温度。

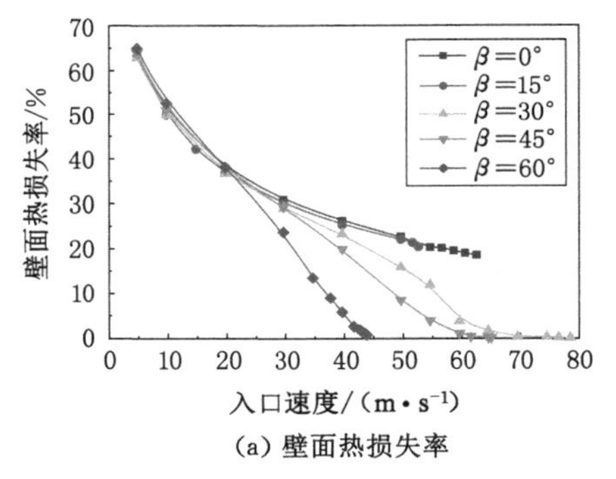

(a) 壁面热损失率

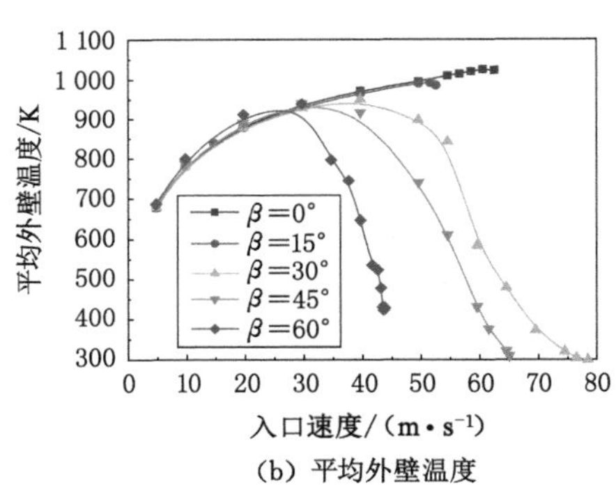

(b) 平均外壁温度

图 4-27 当量比为 0.4 时不同叶片角度时的壁面热损失率和平均外壁温度随入口速度的变化

4.4.3 叶片角度对燃烧效率的影响

图 4-28 给出了当量比为 0.4 时不同叶片角度时的燃烧效率随入口速度的变化。由图可知，$\beta=0°$ 和 $\beta=15°$ 的燃烧器的燃烧效率在入口速度增大的情况下，均大于 99%，这表明 $\beta=0°$ 和 $\beta=15°$ 的燃烧器在发生吹熄现象时的燃烧效率仍然很高。叶片角度 β 等于或大于 30°时，当不断提高入口速度，燃烧效率会在某一入口速度处发生骤降，燃烧效率骤降的拐点入口速度也随叶片角度的增大而降低。这主要是由于较高的入口速度使得火焰根部向下游移动，反应区的下游移动导致入口混合物的不完全燃烧，从而降低燃烧效率。因此，当入口速度小

于 30 m/s 时，采用较大的旋流器叶片角度可以提高微型辐射燃烧器的传热性能和火焰稳定性；但当入口速度大于 40 m/s 时，过大的旋流器叶片角度会显著降低燃烧效率。

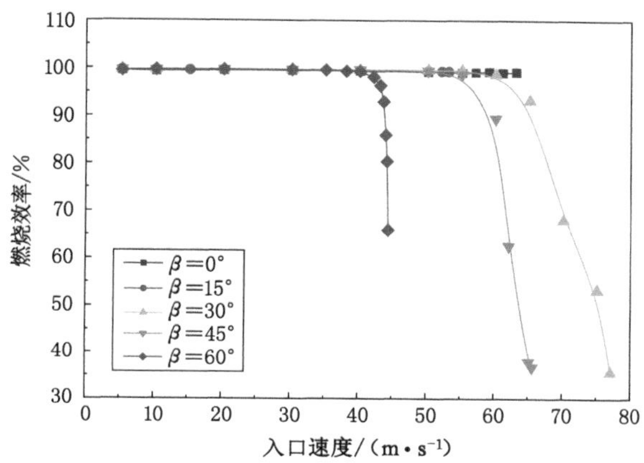

图 4-28　当量比为 0.4 时不同叶片角度时的燃烧效率随入口速度的变化

4.5　本章小结

本章对旋流稳燃技术应用于微型辐射燃烧器内的可行性进行分析，设计了旋流式微型辐射燃烧器，选取基于详细化学反应机理的三维数值模拟计算方法，研究了旋流式微型辐射燃烧器内氢气燃烧时的火焰稳定机理，分析了入口速度、当量比和壁面材料对火焰特性的影响，并进一步探究了不同叶片角度对火焰稳燃极限的影响。主要研究结论如下：

(1) 旋流式微型辐射燃烧器内存在中心回流区和角落回流区。中心回流区在火焰锚固中占主导作用，中心回流区可以牢牢地锚定火焰根部，防止其向下游移动，而角落回流区则有利于预热来流反应物。来自固体壁面的回热作用与旋流产生的回流区耦合作用有助于改善火焰稳定性。

(2) 通过降低入口速度可以提高旋流器的出口温度，由此获得更好的预热效果，从而在提高反应速率及燃烧强度的基础上获得更高的火焰温度。当入口速度相同时，当量比的增加能够提高外壁温度水平，从而导致散热损失增加，并且当量比的增加可以使进入燃烧室的反应物获得更好的预热作用，从而提高火焰的稳定性。由于燃烧器壁面材料的导热系数对火焰稳定性影响较大，因此当燃烧器采用高导热系数材料时，来流反应物预热效果较好，此时链式反应的反应强度增加，化学反应速率上升，火焰的稳定性得到提高。

(3) 旋流式微型辐射燃烧器的叶片角度对火焰稳燃极限影响较大。当量比为 0.4 时，叶片角度 $\beta=30^{\circ}$的旋流式微型辐射燃烧器的吹熄极限最大，β的增加可以拓宽旋流式微型辐射燃烧器的可燃下限。这是由于不同 β 下的流场和火焰结构存在差异造成的。当 β 为 0°和 15°时，火焰的锚定主要依靠角落回流区，而当 β 不小于 30°时，火焰的锚定主要依靠中心回流区。中心回流区对火焰的稳燃能力强于角落回流区，但是过大的旋流强度会引起中心回流区长度增加，致使火焰根部也随着中心回流区向下游延伸，进而导致稳燃能力降低。

第 5 章　旋流式微型辐射燃烧器传热性能分析

5.1　引言

第 4 章的研究工作表明，在微型辐射燃烧器内引入旋流稳燃技术，可以很好地提升火焰的吹熄极限，即设计的旋流式微型辐射燃烧器对于提升微尺度下火焰的稳定性具有积极作用。而针对旋流式微型辐射燃烧器传热性能的提升，将有助于提高燃烧器的辐射性能及能量利用效率。微型辐射燃烧器内预混燃烧和非预混燃烧时火焰特性的差异会导致燃烧器传热性能不同。此外，燃烧器结构参数会改变回流区特征，进而影响燃烧器的传热性能。因此有必要从燃烧模式及燃烧器的几何结构参数等因素对燃烧器传热性能的影响进行分析。采用燃烧器平均外壁温度、外壁温度均匀性（T_{NSD}）及辐射功率等参数作为传热性能的评价指标。

本章首先对比分析了旋流式微型辐射燃烧器内氢气-空气预混燃烧和非预混燃烧时的火焰特性及燃烧器的传热性能。其次，探究了燃烧器结构参数对传热特性的影响。全面了解旋流式微型辐射燃烧器内不同燃烧模式下的传热性能以及结构参数对燃烧器传热性能的影响，可以为微型燃烧器的技术开发提供支持。

5.2　数值模拟方法

5.2.1　几何模型

与先前旋流式微型辐射燃烧器内采用的氢气-空气预混燃烧模式不同，本章通过在旋流式微型辐射燃烧器中的旋流器中心钝体增加入口，将氢气从该入口送入燃烧室，而空气则从旋流器的环形入口送入燃烧室，从而实现了氢气、空气在旋流式微型辐射燃烧器内非预混燃烧。图 5-1 为旋流式微型辐射燃烧器的几何结构及非预混和预混燃烧模式下的燃料和空气供应方式。在图 5-1 中，燃烧器的入口段 L_1 长度是 2.0 mm，燃烧室长度 L_2 是 18.0 mm。中心入口 1 的直径是 0.4 mm，环形入口 2 的内径和外径分别是 0.6 mm 和 1.4 mm。燃烧室的内径及壁厚分别是 3.0 mm 和 0.5 mm。旋流器由 6 个叶片角度为 45°的直叶片构成。壁面材料为碳化硅，物理属性在第 3 章给出，此处不再详述。

对于非预混燃烧模式，氢气从中心入口 1 送入燃烧室，空气从环形入口 2 流经旋流器进入燃烧室，如图 5-1(b)所示。而对于预混燃烧模式，中心入口 1 和环形入口 2 均供给氢气-空气的混合物，如图 5-1(c)所示。此外，预混燃烧模式下，中心入口 1 和环形入口 2 的速度保持一致，有利于阻止回火的发生。

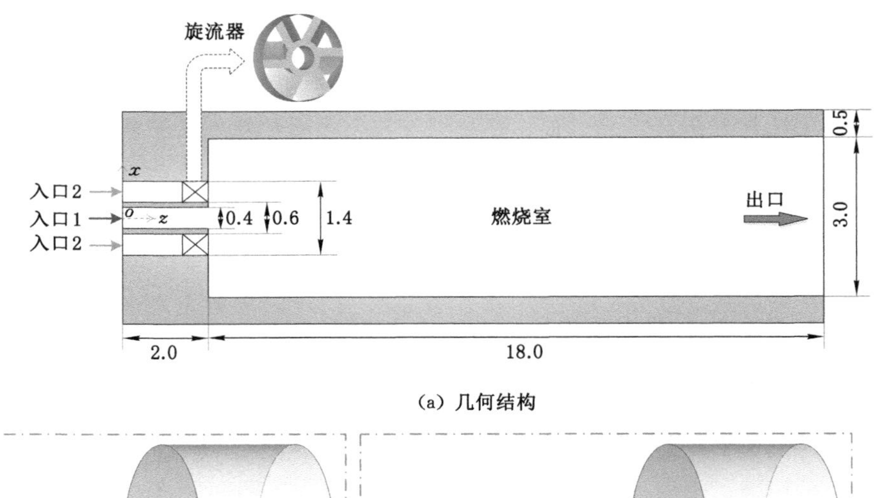

(a) 几何结构

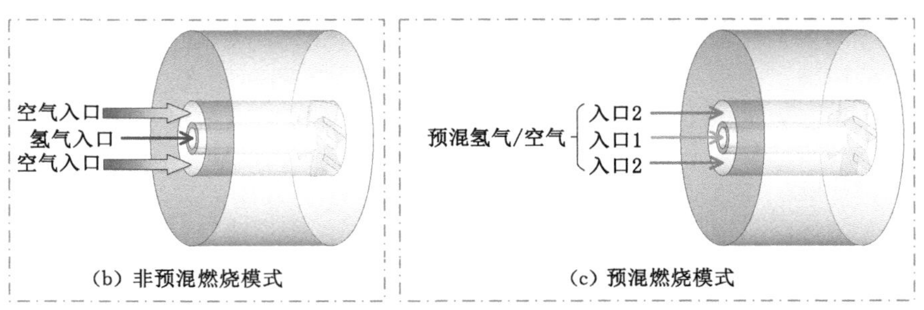

(b) 非预混燃烧模式

(c) 预混燃烧模式

图 5-1　旋流式微型辐射燃烧器及非预混和预混燃烧模式

5.2.2 数值模型与方法

本章采用的数值模型与方法与第 4 章相同，此处不再详述。

图 5-2 给出了网格无关性验证。从图 5-2 中可以看出，当网格数量超过 1 179 980 个时，增加网格数量对外壁温度和中心线温度分布影响极小。因此本章中采用 1 179 980 个网格进行模拟计算。

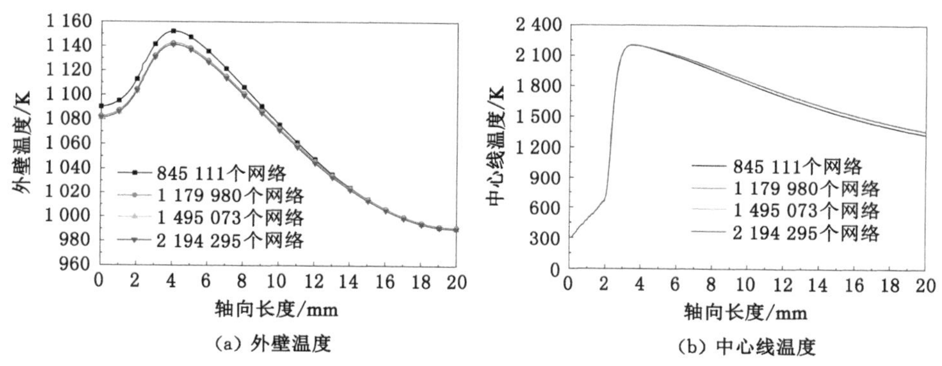

图 5-2　网格无关验证

5.3 燃烧模式对旋流式微型辐射燃烧器传热性能的影响

为了考察不同工作条件下预混燃烧与非预混燃烧的特点与性能，表 5-1 列出了入口操作条件，其中氢气的质量流量范围为 $2.500\ 0\times10^{-7}\sim9.500\ 0\times10^{-7}$ kg/s，化学当量比在 0.6～1.2 之间。此外，表 5-1 还给出了不同燃烧模式下，中心入口 1 和环形入口 2 中的氢气、空气或者氢气-空气混合物的流量分布。

表 5-1　不同当量比下入口流量分布

化学当量比	非预混燃烧		预混燃烧	
	氢气质量流量 /(kg·s⁻¹)	空气质量流量 /(kg·s⁻¹)	入口 1 混合物流量 /(kg·s⁻¹)	入口 2 混合物流量 /(kg·s⁻¹)
1.2	$7.875\ 0\times10^{-7}$	$2.253\ 2\times10^{-5}$	$2.120\ 0\times10^{-6}$	$2.120\ 0\times10^{-5}$
1.1	$7.875\ 0\times10^{-7}$	$2.458\ 1\times10^{-5}$	$2.306\ 2\times10^{-6}$	$2.306\ 2\times10^{-5}$

表 5-1(续)

化学当量比	非预混燃烧		预混燃烧	
	氢气质量流量 /(kg·s^{-1})	空气质量流量 /(kg·s^{-1})	入口 1 混合物流量 /(kg·s^{-1})	入口 2 混合物流量 /(kg·s^{-1})
1.0	$2.500\ 0\times10^{-7}$	$8.583\ 7\times10^{-6}$	$8.030\ 6\times10^{-7}$	$8.030\ 6\times10^{-6}$
1.0	$4.125\ 0\times10^{-7}$	$1.416\ 3\times10^{-5}$	$1.325\ 1\times10^{-6}$	$1.325\ 1\times10^{-5}$
1.0	$6.000\ 0\times10^{-7}$	$2.060\ 1\times10^{-5}$	$1.927\ 4\times10^{-6}$	$1.927\ 4\times10^{-5}$
1.0	$7.875\ 0\times10^{-7}$	$2.703\ 9\times10^{-5}$	$2.529\ 6\times10^{-6}$	$2.529\ 6\times10^{-5}$
1.0	$9.500\ 0\times10^{-7}$	$3.261\ 8\times10^{-5}$	$3.051\ 6\times10^{-6}$	$3.051\ 6\times10^{-5}$
0.9	$7.875\ 0\times10^{-7}$	$3.004\ 3\times10^{-5}$	$2.802\ 8\times10^{-6}$	$2.802\ 8\times10^{-5}$
0.8	$7.875\ 0\times10^{-7}$	$3.379\ 8\times10^{-5}$	$3.144\ 2\times10^{-6}$	$3.144\ 2\times10^{-5}$
0.7	$7.875\ 0\times10^{-7}$	$3.862\ 7\times10^{-5}$	$3.583\ 1\times10^{-6}$	$3.583\ 1\times10^{-5}$
0.6	$7.875\ 0\times10^{-7}$	$4.506\ 4\times10^{-5}$	$4.168\ 4\times10^{-6}$	$4.168\ 4\times10^{-5}$

5.3.1 入口流量对燃烧器传热性能的影响

为了研究不同氢气质量流量时旋流式微型辐射燃烧器内预混和非预混燃烧模式下燃烧特性的区别，本节中氢气-空气混合物当量比固定为 1.0，入口氢气质量流量依次从 2.50×10^{-7} kg/s 增加到 9.50×10^{-7} kg/s。图 5-3 给出了不同氢气质量流量时预混燃烧模式和非预混燃烧模式下的燃烧效率。由图 5-3 可知，氢气质量流量的增加使反应物停留时间变短，因此燃烧效率有所降低。当氢气质量流量小于 6.75×10^{-7} kg/s 时，非预混燃烧模式的燃烧效率稍高于预混燃烧模式；但当氢气质量流量大于 6.75×10^{-7} kg/s 时，非预混燃烧模式的燃烧效率略低于预混燃烧模式。两种燃烧模式下，氢气质量流量(m_{H_2})变化时燃烧器中心截面温度分布如图 5-4 所示。流量增加导致输入能量增加，从而使燃烧室内高温区域变大。除了旋流器出口平面下游附近的温度分布存在差异外，两种模式的温度分布整体上十分相似。

图 5-5(a)给出了燃烧器中心线温度分布，对于图中区域 A 的中心线温度分布，预混燃烧模式的温度值明显大于非预混燃烧模式的温度值；而在区域 B，预混燃烧模式的温度值则略小于非预混模式的温度值。与非预混燃烧模式相比，预混燃烧模式下火焰高温区域更靠近旋流器出口平面。燃烧器中心线 OH 质量分数分布如图 5-5(b)所示。在非预混燃烧模式下，沿着中心线的 OH 质量分数随氢气质量流量的增加而增加；在预混燃烧模式下，从旋流器出口平面 $z=$

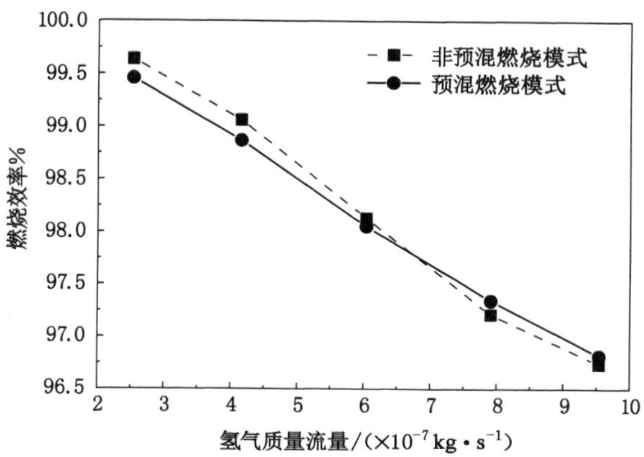

图 5-3　氢气质量流量对燃烧效率的影响

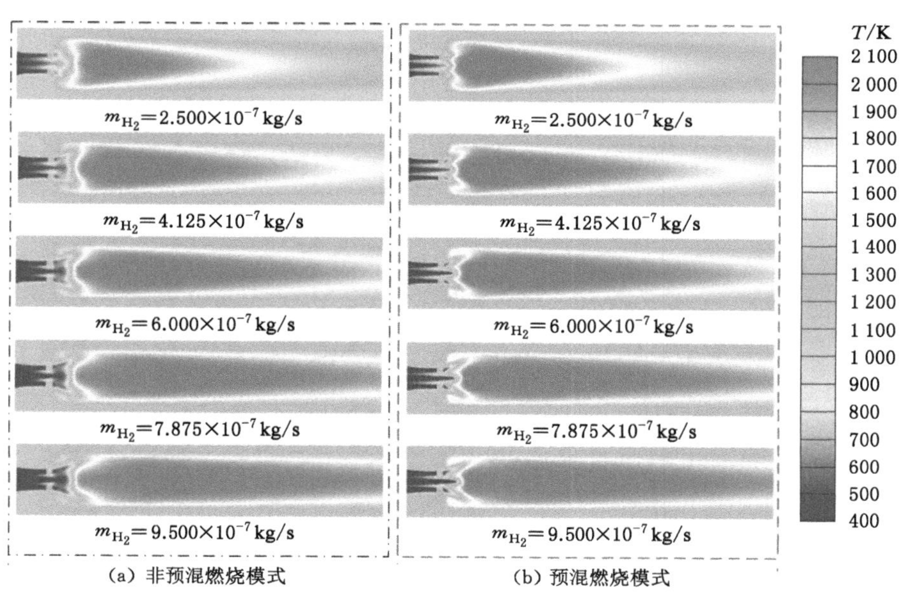

图 5-4　不同氢气质量流量时燃烧器中心截面温度分布

2 mm 开始，大约在下游 1 mm 处急剧增加到最大值。预混燃烧模式下的 OH 质量分数峰值明显大于非预混燃烧模式的 OH 质量分数峰值，并且 OH 质量分数峰值位置也更靠近入口。图 5-6 给出了中心截面上 OH 质量分数分布云图，

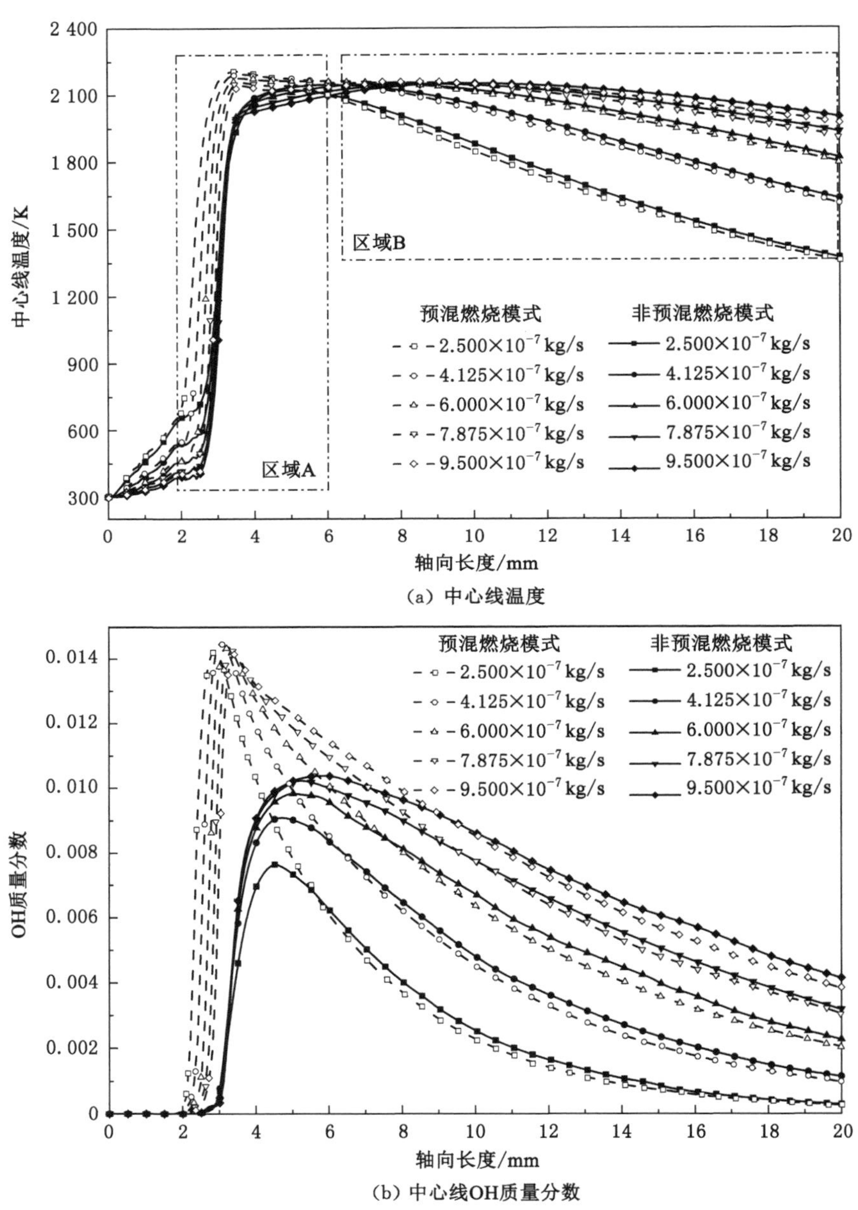

(a) 中心线温度

(b) 中心线OH质量分数

图 5-5　氢气质量流量对燃烧器中心线温度和 OH 质量分数分布的影响

由图可知，非预混燃烧模式下的 OH 质量分数峰值约为 0.010，而在预混燃烧模式下的 OH 质量分数峰值约为 0.014。这意味着预混燃烧模式时的燃烧强度高于非预混燃烧模式时的燃烧强度。另外，非预混燃烧模式下高浓度 OH 区域分布在中心轴线的两侧，而预混燃烧模式下高浓度 OH 区域集中分布在中心回流区内。这主要是由于非预混燃烧模式下，氢气与空气在中心回流区内互相扩散混合，并在中心回流区两侧及下游区域发生燃烧反应，而预混燃烧模式则是混合气在回流区内稳定燃烧，随后向未燃气体中传播。此外，非预混燃烧模式和预混燃烧模式下的 OH 质量分数峰值几乎都不受氢气质量流量的影响。

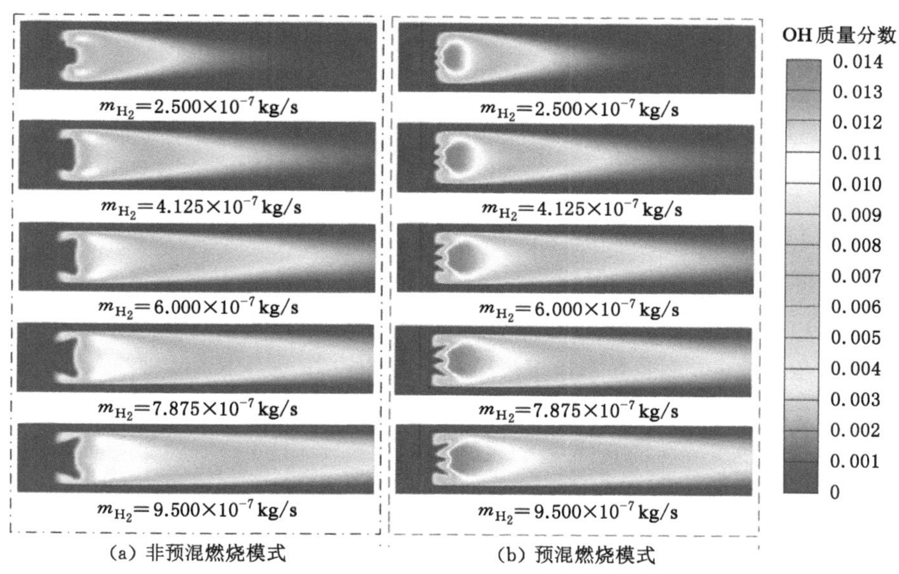

图 5-6　不同氢气质量流量时燃烧器中心截面 OH 质量分数分布

氢气质量流量对预混燃烧模式和非预混燃烧模式的火焰位置（z 轴坐标）的影响如图 5-7 所示。由图 5-7 可以看出，氢气质量流量的增加导致火焰位置向下游移动，主要是由于火焰传播速度增加。非预混燃烧模式下的火焰位置要明显高于预混燃烧模式的火焰位置。另外，随着氢气质量流量的增加，非预混模燃烧模式的火焰位置变化量明显高于预混燃烧模式的火焰位置变化量。例如，当氢气质量流量从 2.5×10^{-7} kg/s 变化到 9.5×10^{-7} kg/s 时，预混燃烧模式的火焰位置仅增加了 0.5 mm，而非预混燃烧模式的火焰位置增加了 1.9 mm。图 5-8 对比了预混燃烧模式和非预混燃烧模式的速度场分布特点，主要包括中

心截面 $z=2$ mm 到 $z=8$ mm 之间的轴向速度等值线以及 $z=3$ mm 和 $z=5$ mm 处横截面的速度矢量分布。

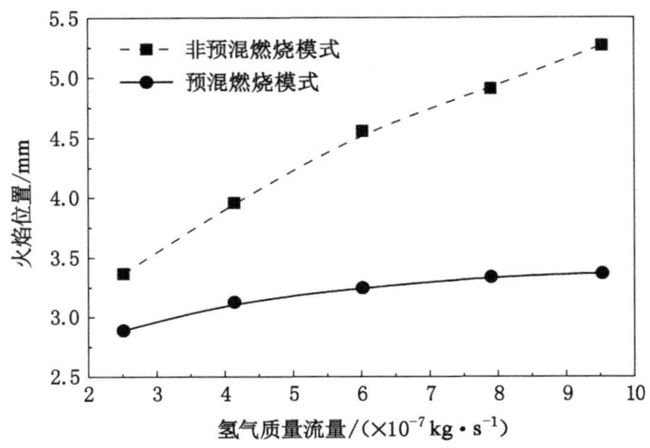

图 5-7　氢气质量流量对火焰位置的影响

从图 5-8 中能够看出，在预混和非预混燃烧模式下，燃烧器流场中均存在位于燃烧器中间的中心回流区 IRZ 和靠近燃烧室壁面的角落回流区 CRZ。当氢气质量流量相同时，预混和非预混燃烧模式下的 IRZ 及 CRZ 的位置、大小几乎没有差别。对于 $z=3$ mm 处横截面的速度矢量分布，截面中间部分存在较强的切向速度，而 $z=5$ mm 处横截面的速度矢量分布比 $z=3$ mm 处更均匀。另外，预混燃烧模式的截面速度矢量大小比非预混燃烧模式的大，这是因为预混燃烧模式下入口 2 的来流速度大于非预混燃烧模式下的速度，同时预混燃烧的火焰位置更靠近旋流器出口平面，回流区附近燃气温度更高。与图 5-6 中 OH 质量分数分布进行对比研究发现，预混燃烧模式下 OH 质量分数较高的区域主要集中在 IRZ，而非预混燃烧模式下 OH 质量分数较高的区域主要集中在 IRZ 下游边缘的低速区域。

为了对比预混燃烧和非预混燃烧模式下旋流式微型辐射燃烧器的传热性能，图 5-9 展示了不同氢气质量流量下燃烧器外壁温度分布。由图 5-9 可以看出，由于燃烧室输入能量的增加，外壁温度随流量的增加而增加。对比预混和非预混燃烧模式下的外壁温度可以发现，预混燃烧时燃烧器前部区域的外壁温度高于非预混燃烧时的外壁温度。而对于燃烧室后部区域的外壁温度，预混燃烧模式略低于非预混燃烧模式。造成温度分布差异的主要原因是预混燃烧模式时的火焰位置小于非预混燃烧模式时的火焰位置。这也就意味着预混燃烧模式时

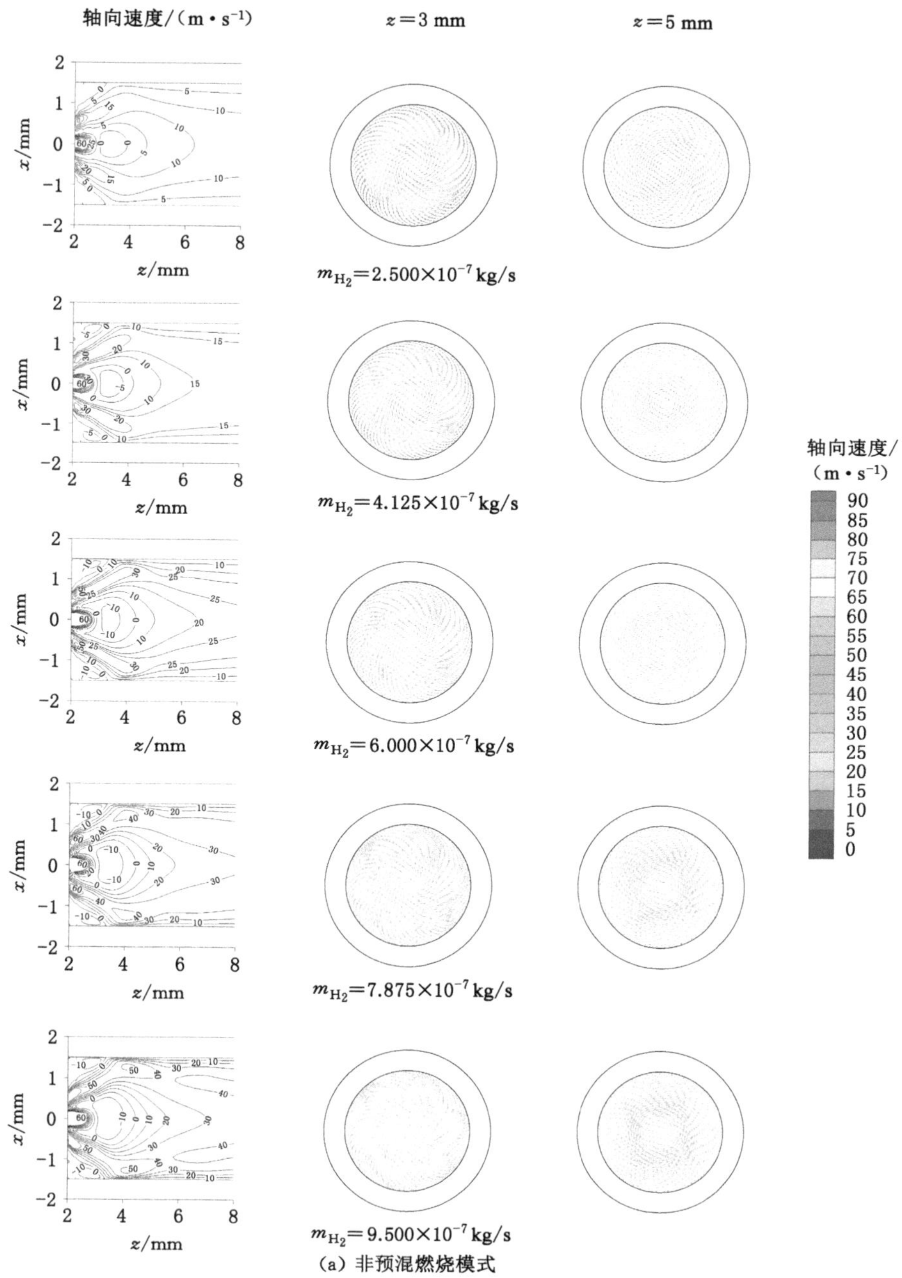

(a) 非预混燃烧模式

图 5-8　氢气质量流量对速度场分布的影响

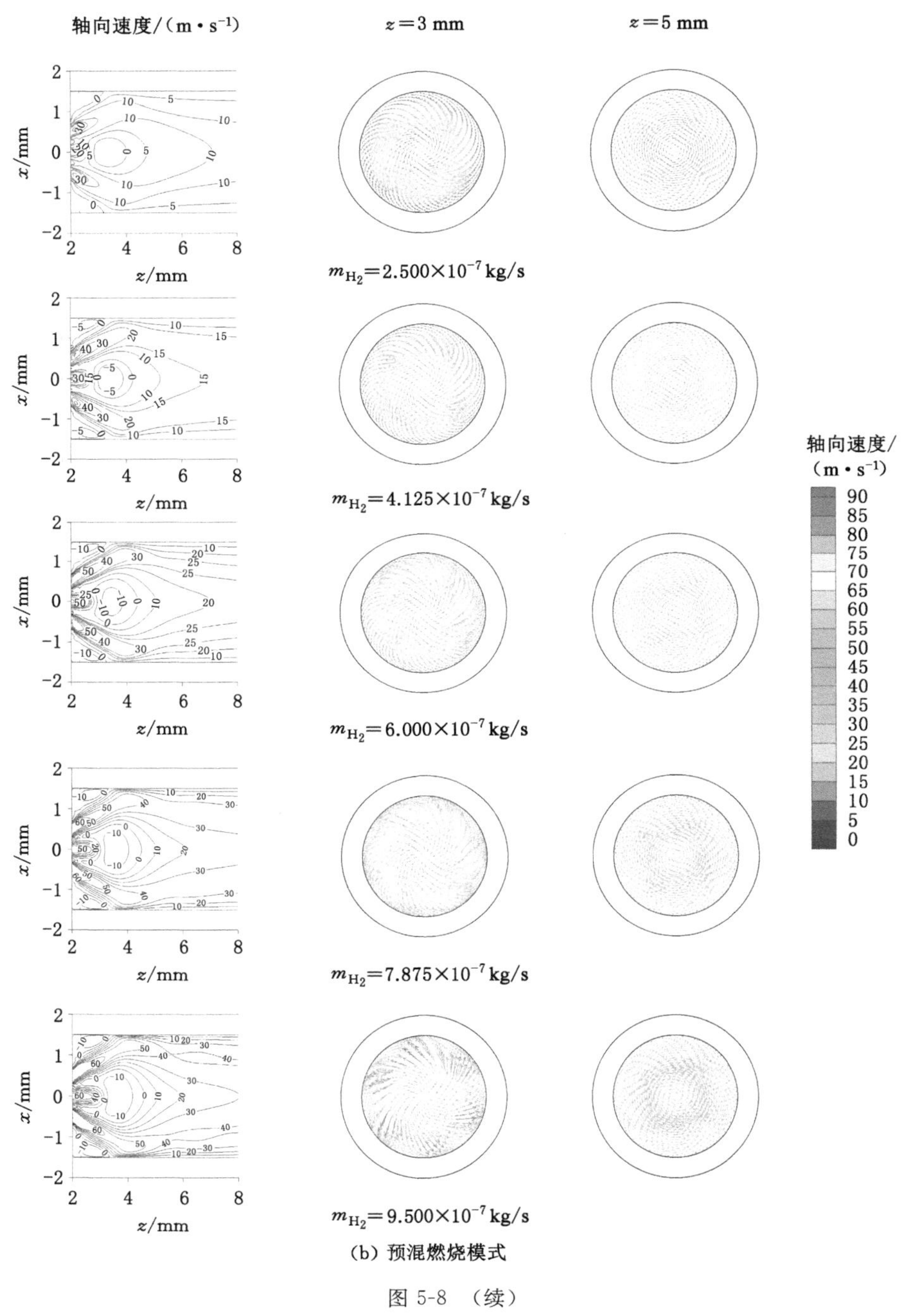

(b) 预混燃烧模式

图 5-8 （续）

在燃烧器上游区域释放的热量较多，火焰温度较高，从而增强了燃烧器上游区域高温气体与壁面间的热传递。燃烧器入口部分较高壁面温度有利于对来流低温反应物的预热，从而加快燃烧速度。

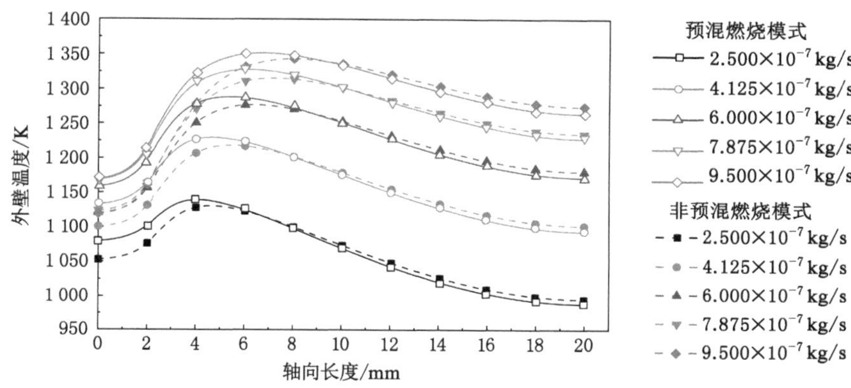

图 5-9　不同氢气质量流量下燃烧器外壁温度分布

图 5-10 给出了氢气质量流量对燃烧器平均外壁温度、辐射效率及 T_{NSD} 的影响。当氢气质量流量为 2.500×10^{-7} kg/s 时，非预混燃烧和预混燃烧的平均外壁温度之间的差异可以忽略不计。因为在较小氢气质量流量的情况下，与非预混燃烧相比，预混燃烧时燃烧器前部区域的传热增强效应抵消了后部区域中的减弱效应。随着氢气质量流量的增加，非预混燃烧和预混燃烧时的平均外壁温度之间的差异呈现出增加的趋势。此外，如图 5-10(b)所示，燃烧器的辐射效率随氢气质量流量的增加而降低，预混燃烧时的辐射效率稍大于非预混燃烧时的辐射效率，例如在氢气质量流量为 7.875×10^{-7} kg/s 的情况下，辐射效率提高了 3.32%。由图 5-10(c)可以发现，当氢气质量流量不大于 6.000×10^{-7} kg/s 时，非预混燃烧时的 T_{NSD} 小于预混燃烧时的 T_{NSD}。但是当氢气质量流量大于或等于 7.875×10^{-7} kg/s 时，非预混燃烧时的 T_{NSD} 大于预混燃烧时的 T_{NSD}。例如，当氢气质量流量为 2.500×10^{-7} kg/s 和 9.500×10^{-7} kg/s 时，与非预混燃烧时的 T_{NSD} 相比，预混燃烧时的 T_{NSD} 分别升高了 17.1% 和降低了 15.1%。这意味着在较小的入口流量情况下，非预混燃烧时壁面温度均匀性较好；而在较大入口流量情况下，预混燃烧时壁面温度均匀性较好。

5.3.2　当量比对燃烧器传热性能的影响

为研究当量比对预混燃烧模式和非预混燃烧模式下传热特性的影响，本小

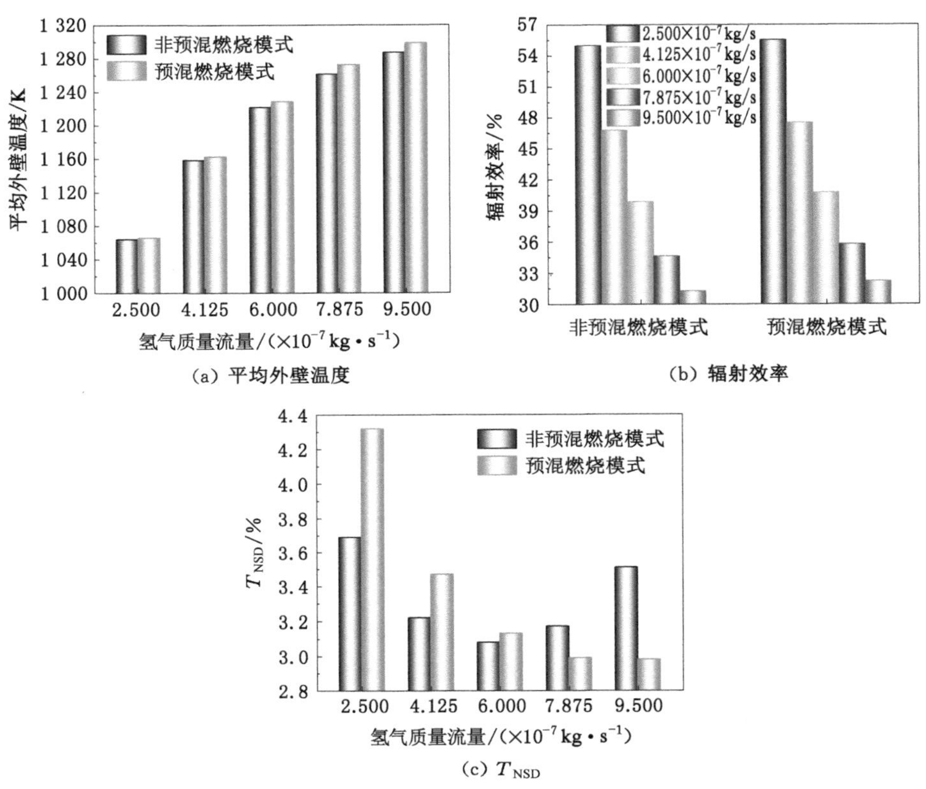

(a) 平均外壁温度

(b) 辐射效率

(c) T_{NSD}

图 5-10　氢气质量流量对燃烧器传热性能的影响

节中氢气质量流量固定为 7.875×10^{-7} kg/s。图 5-11 展示了不同当量比下预混燃烧和非预混燃烧时的燃烧效率。从图 5-11 中可以看到，燃烧效率随当量比的增加而降低。在当量比从 0.6 增加到 1.2 的过程中，混合物中的氧气含量经历了从过量到不足的变化，氧气不足引发不完全燃烧，使燃烧效率下降。对比预混燃烧和非预混燃烧时的燃烧效率可以发现，当当量比相同时，燃烧效率差异极小。

图 5-12 为不同当量比(Φ)下燃烧器中心截面 OH 质量分数分布云图。对于非预混燃烧，当混合物当量比小于 1.0 时，较高 OH 质量分数区域主要集中在燃烧器的 IRZ 内；当化学当量比大于或等于 1.0 时，较高 OH 质量分数区域主要集中在燃烧器的 IRZ 下游边缘的低速区域内；同时，OH 质量分数的最大值随当

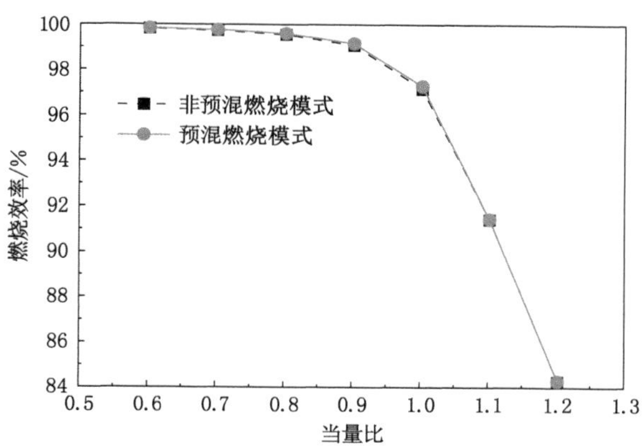

图 5-11　不同当量比下的燃烧效率

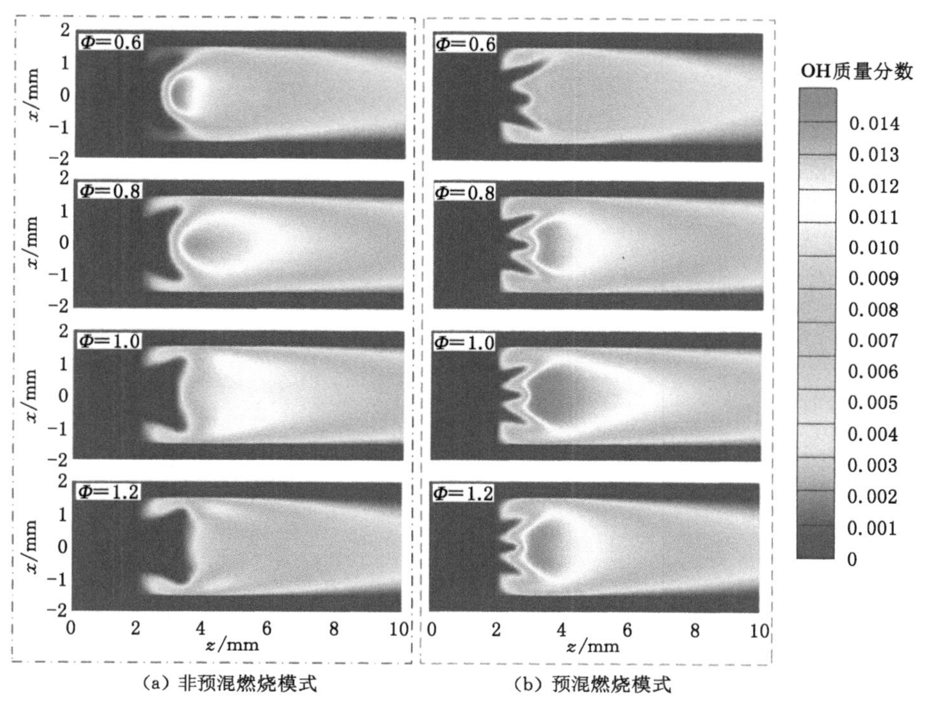

(a) 非预混燃烧模式　　(b) 预混燃烧模式

图 5-12　不同当量比下燃烧器中心截面 OH 质量分数分布云图

量比增加而降低。原因是在当量比较小时，空气入口速度较大，此时燃烧室内的切向速度大，强化了空气与燃料的混合性能，从而增强了局部燃烧反应强度，因此 OH 分布更集中并且质量分数较大。但是，对于预混燃烧，在当量比等于 1.0 时，OH 质量分数的峰值最大，约为 0.014。当量比大于 1.0 或者小于 1.0 时，OH 质量分数变小。这是因为与当量比为 1.0 的情况相比，当量比大于 1.0 或者小于 1.0 时会导致空气含量不足或者过量，从而降低了燃烧强度。

图 5-13 给出了不同化学当量比下燃烧器中心截面温度和流线分布。考察中心截面温度，当量比等于 0.6 时得到最低值，当量比等于 1.0 时得到最高值。对于非预混燃烧，尽管当量比等于 0.6 时 OH 质量分数较大，但过量空气带走燃料释放的热量，降低了中心截面温度。对于预混燃烧，中心截面温度大小与 OH 质量分数分布一致，降低当量比减缓了燃烧速度和化学反应速率，从而降低了中心截面温度。此外，随着当量比的增加，非预混燃烧时燃烧器中高温区域的起始位置稍向下移动，而预混燃烧时高温区域的起始位置几乎保持在相同位置。当量比的变化对再循环区域的影响很小。

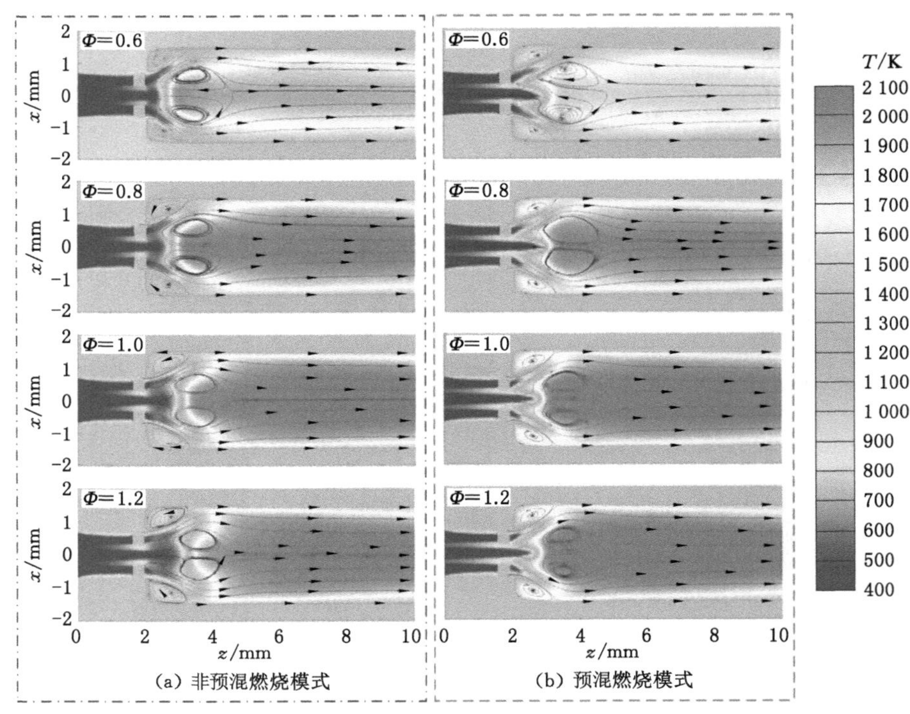

图 5-13　不同当量比下燃烧器中心截面温度和流线分布

不同当量比下的火焰位置(z 轴坐标)如图 5-14 所示。在当量比发生变化时,预混燃烧时的火焰位置几乎稳定在大约 3.3 mm 处。但是在非预混燃烧模式下,当量比从 0.6 增加到 1.0 的过程中,火焰位置从大约 3.0 mm 增加到 4.9 mm;当量比大于 1.0 时,火焰位置呈下降趋势。当量比为 0.6 和 0.7 时,非预混燃烧时的火焰位置稍小于预混燃烧时的火焰位置;当量比不小于 0.8 时,非预混燃烧时的火焰位置明显大于预混燃烧时的火焰位置。由此可见,旋流式微型辐射燃烧器内预混燃烧时的火焰位置不容易受到入口条件变化的影响,而非预混燃烧时的火焰位置容易受入口条件变化的影响。

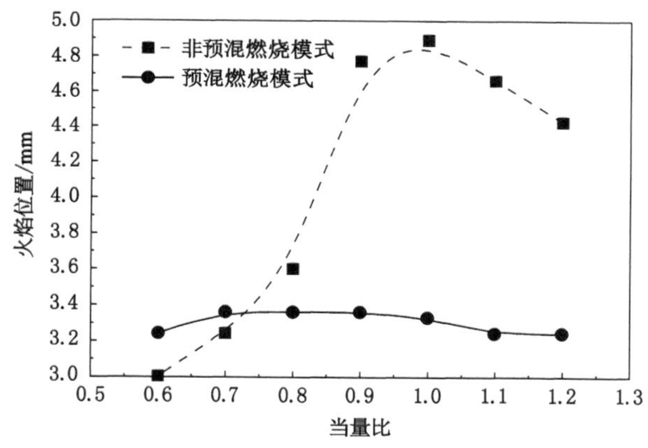

图 5-14　不同当量比下的火焰位置

图 5-15 展示了不同当量比下燃烧器的外壁温度分布。由图 5-15 可知,当量比等于 1.0 时,燃烧器的外壁温度最高;当量比等于 0.6 或 1.2 时的外壁温度均比当量比为 1.0 时的低,主要是因为当量比为 0.6 时存在过量空气导致热损失增加,而当量比为 1.2 时的燃烧效率较低。预混燃烧时的燃烧器前部区域中的外壁温度明显高于非预混燃烧时的外壁温度,并且该前部区域的范围大小也随着当量比的增加而减小。

不同当量比下燃烧器的平均外壁温度及辐射效率如图 5-16 所示。由图 5-16可知,随着当量比增加,平均外壁温度先增加后降低,在当量比为 1.0 时平均外壁温度最高。预混燃烧时的平均外壁温度及辐射效率均高于非预混燃烧时的。并且随着当量比的增加,预混燃烧和非预混燃烧时的平均外壁温度间的差异以及辐射效率间的差异都逐渐缩小。当量比为 0.6 时,预混燃烧时的平均外壁温度比非预混燃烧时的高 28.4 K,辐射效率提高了 9.47%;而当量比为

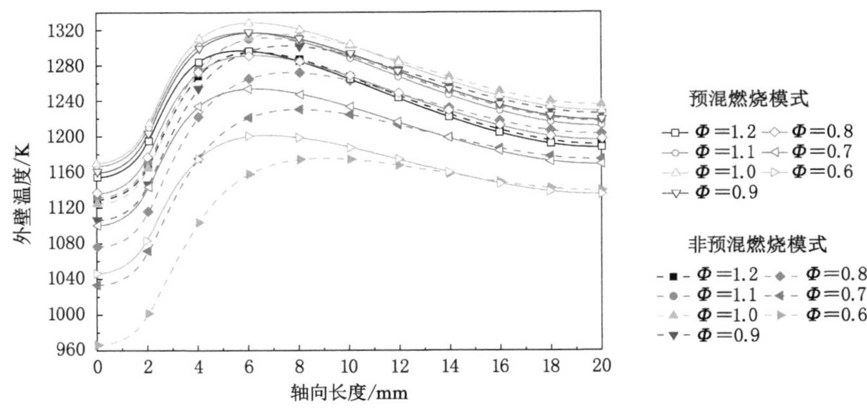

图 5-15　不同当量比下的外壁温度分布

1.2 时，预混燃烧时的平均外壁温度比非预混燃烧时的仅高了 3.5 K，辐射效率也仅提高了 1.01%。

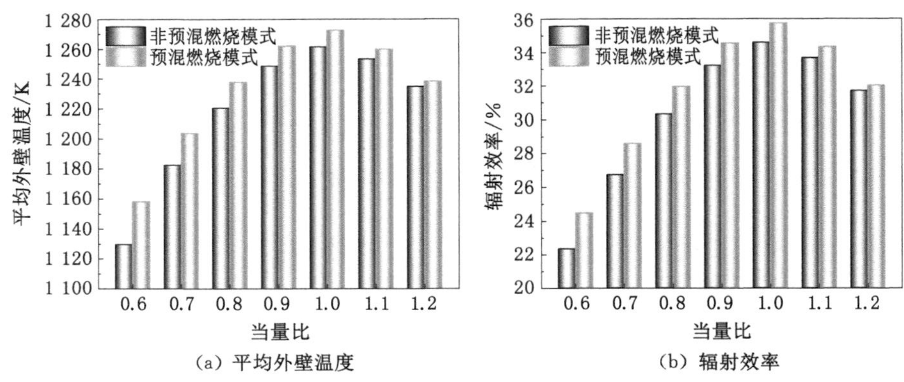

图 5-16　不同当量比下的燃烧器平均外壁温度及辐射效率

不同当量比下外壁温度归一化标准差 T_{NSD} 如图 5-17 所示。由图 5-17 可以看出，预混燃烧时的 T_{NSD} 随当量比的增加而增加；但是非预混燃烧时的 T_{NSD} 随当量比的增加先降低后增加，当量比为 1.0 时 T_{NSD} 最小。此外，预混燃烧时的 T_{NSD} 小于非预混燃烧时的 T_{NSD}，这意味着预混燃烧时壁面温度均匀性更好。尤其是在当量比为 0.6 的情况下，与非预混燃烧时的 T_{NSD} 相比，预混燃烧时的 T_{NSD} 降低约 33.3%。

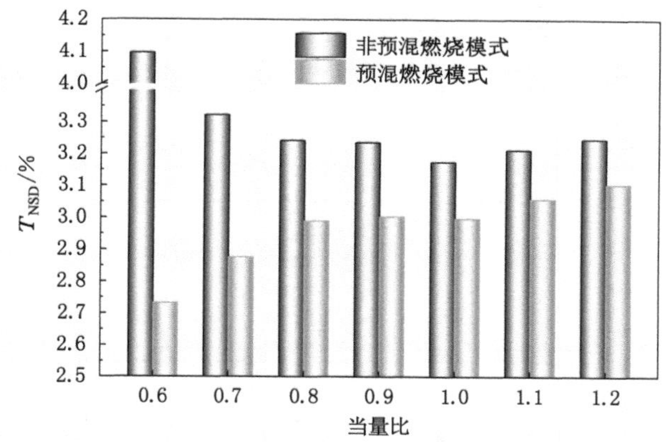

图 5-17　当量比对外壁归一化温度标准差 T_{NSD} 的影响

5.4　结构参数对旋流式微型辐射燃烧器传热性能的影响

前面的研究表明，旋流式微型辐射燃烧器内存在中心回流区 IRZ 和角落回流区 CRZ，而回流区对火焰稳定性及传热性能均产生较大影响。因此，本节的结构参数影响分析主要围绕影响回流区特征的结构参数展开。图 5-18 为旋流式微型辐射燃烧器内热流示意图。中心入口半径 w_1 决定了 IRZ 的起始位置，旋流入口宽度 w_2 决定了 IRZ 的大小，而台阶高度 w_3 决定了 CRZ 的大小。因此，本节研究这三个结构参数对旋流式微型辐射燃烧器内燃烧及热性能的影响，其中燃烧器采用预混燃烧模式。

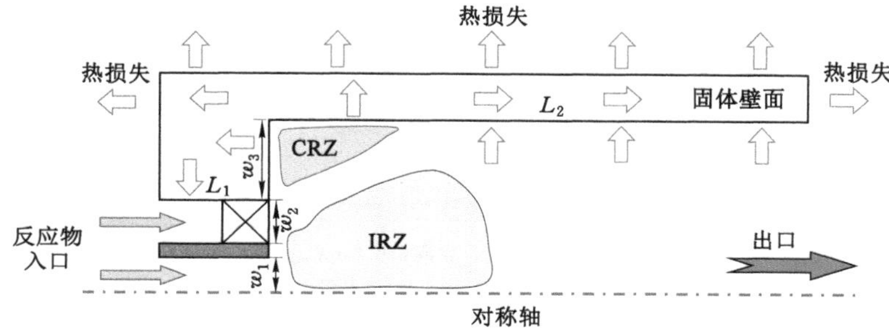

图 5-18　旋流式微型辐射燃烧器内热流示意图

5.4.1 中心入口半径 w_1 的影响

本小节中固定旋流入口宽度 w_2 为 0.4 mm 以及台阶高度 w_3 为 0.8 mm，研究中心入口半径 w_1 的影响，中心入口半径 w_1 依次设定为 0 mm、0.1 mm 和 0.2 mm。

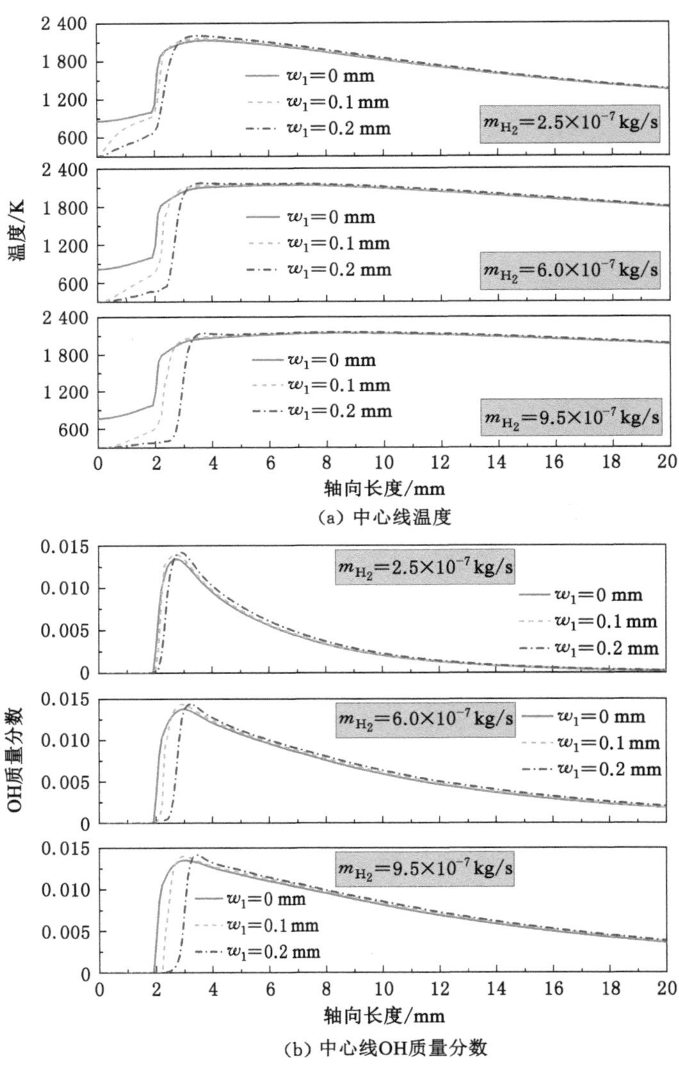

图 5-19 不同氢气质量流量下中心入口半径 w_1 对燃烧器中心线温度和 OH 质量分数分布的影响

图 5-19 为不同氢气质量流量 m_{H_2} 下中心入口半径 w_1 对燃烧器中心线温度和 OH 质量分数分布的影响。中心线温度和 OH 质量分数分布的差异主要集中在入口附近。w_1 越小，入口附近的中心线温度越高，并且 OH 分布越靠近入口。值得注意的是，当中心入口半径 w_1 为 0 mm 时，中心进气口被固体取代，入口段的中心线温度是固体温度而非气体温度。

不同氢气质量流量下中心入口半径 w_1 对燃烧器外壁温度分布的影响如图 5-20 所示。当入口氢气质量流量为 2.5×10^{-7} kg/s 时，燃烧器上游的外壁温度大于下游的外壁温度；随着氢气质量流量的增加，下游外壁温度将大于上游外壁温度，造成这一现象的主要原因是入口流速较大导致高温区向下游移动。对于燃烧器前半部分的外壁温度分布，w_1 为 0 mm 时的温度值比 w_1 为 0.1 mm 和 0.2 mm 时的温度值大。

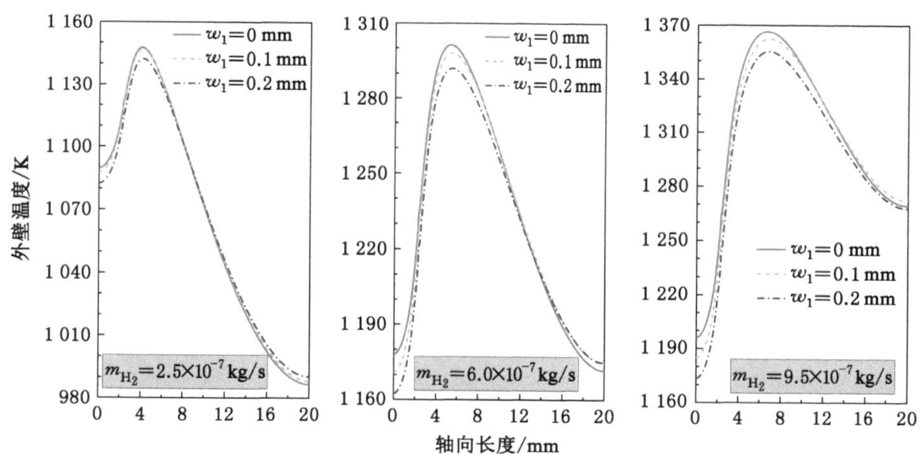

图 5-20　不同氢气质量流量下中心入口半径 w_1 对燃烧器外壁温度分布的影响

图 5-21 给出了不同氢气质量流量下中心入口半径 w_1 对燃烧器平均外壁温度和外壁温度标准差的影响。由于中心入口半径 w_1 对平均外壁温度的影响较小，在入口氢气流量为 9.5×10^{-7} kg/s 的情况下，w_1 为 0 mm 时的平均外壁温度比 $w_1=0.2$ mm 时的平均外壁温度高约 9.5 K。考察外壁温度标准差，发现在入口氢气流量为 6.0×10^{-7} kg/s 的情况下，由于进气口和出气口附近的壁面温度水平大致相同，因此外壁温度标准差最低。此外，外壁温度标准差随 w_1 的减小而降低。当入口氢气质量流量为 6.0×10^{-7} kg/s 以及 $w_1=0$ mm 时，燃烧器的外壁温度标准差最小，约为 37.6 K。总之，中心入口半径 w_1 越小，燃烧器

的平均外壁温度越高且分布越均匀，但是随 w_1 的变化很小。

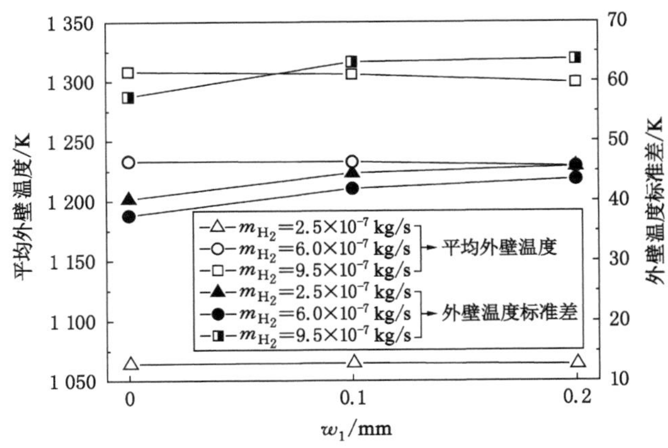

图 5-21　不同氢气质量流量下中心入口半径 w_1 对燃烧器平均外壁温度及外壁温度标准差的影响

5.4.2　旋流入口宽度 w_2 的影响

为了研究旋流入口宽度 w_2 的影响，本小节固定中心入口半径 w_1 为 0 mm 以及台阶高度 w_3 为 0.8 mm，旋流入口宽度 w_2 的取值依次为 0.2 mm、0.3 mm 和 0.4 mm。不同氢气质量流量下旋流入口宽度 w_2 对燃烧器中心截面温度及流线分布影响如图 5-22 所示。从图 5-22 中可以看出，随着氢气质量流量的增大，IRZ 的宽度及长度均有所增加。这是因为较大的入口速度会产生较强的切向速度，从而扩大了 IRZ 范围。此外，当入口氢气质量流量相同时，IRZ 的大小也会随旋流入口宽度 w_2 的减小而变大。这是由于入口速度随旋流入口宽度 w_2 的减小而增大。而对于 CRZ，旋流入口宽度 w_2 的影响可以忽略不计。

图 5-23 为不同氢气质量流量下旋流入口宽度 w_2 对燃烧器中心线温度及 OH 质量分数分布的影响。温度和 OH 质量分数在旋流器出口平面下游迅速上升并达到峰值，此处也是 IRZ 的起始位置。由此可见，IRZ 有利于火焰的稳定。另外，中心线温度峰值的位置随旋流入口宽度 w_2 的减小而稍向上游移动。旋流入口宽度 $w_2=0.2$ mm 时，中心线下游的温度和 OH 质量分数最低。这主要是由于 IRZ 的延展增加了高温气体的停留时间，从而增强了气体对固体壁面之间的传热，进而降低了燃烧室内的温度。

不同氢气质量流量下旋流入口宽度 w_2 对燃烧器外壁温度分布的影响如

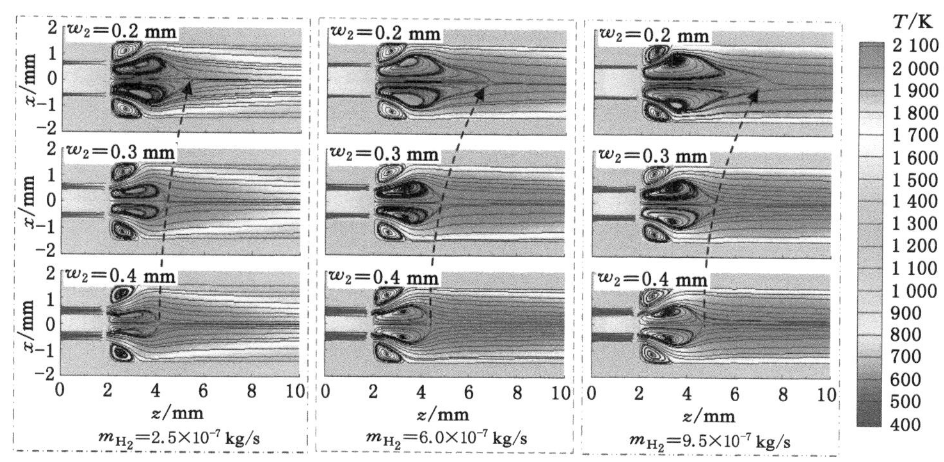

图 5-22　不同氢气质量流量下旋流入口宽度 w_2 对燃烧器中心截面温度及流线分布的影响

图 5-24 所示。当氢气质量流量为 2.5×10^{-7} kg/s 时，旋流入口宽度 w_2 的减小显著提高了入口到 z=13 mm 之间的外壁温度，降低了 z=13 mm 到出口之间的外壁温度；当入口氢气增加到 6.0×10^{-7} kg/s 和 9.5×10^{-7} kg/s 时，旋流入口宽度 w_2 的减小降低了入口附近的外壁温度，并且显著地提高了燃烧器后部的外壁温度。这说明较小的旋流入口宽度 w_2 对改善高温气体与燃烧器内壁面之间的传热具有重要意义。

为了更好地厘清传热机理，图 5-25 给出了不同氢气质量流量下旋流入口宽度 w_2 对燃烧器内壁面的热流密度的影响。热流密度的正负值由传热方向决定，此处规定当热量从固体壁面传递到气体时，热流密度值为正值；相反，当热量从高温气体传递给固体壁面时，热流密度值为负值。另外，热流密度的绝对值大小表征传热强度。如图 5-25 所示，入口段 L_1 的热流密度值均大于零，表明入口段内的气体受到固体壁面的加热，该预热效应有利于提高化学反应速率，促进燃烧效率。在台阶高度 w_3 和燃烧室内壁面 L_2 处，热流密度值均为负值，表明高温气体向燃烧器固体壁面传热。此外，入口段 L_1 的传热强度明显大于台阶高度 w_3 和燃烧室内壁面 L_2 段的传热强度，这主要是因为入口段 L_1 的来流反应物温度较低，从而导致固体壁面与气体间存在较大温差。但是由于入口段 L_1 的表面积远小于台阶高度 w_3 和燃烧室内壁面 L_2 段的表面积，因此入口段 L_1 的总传热量仍然小于台阶高度 w_3 和燃烧室内壁面 L_2 段的总传热量。以入口氢气质量流

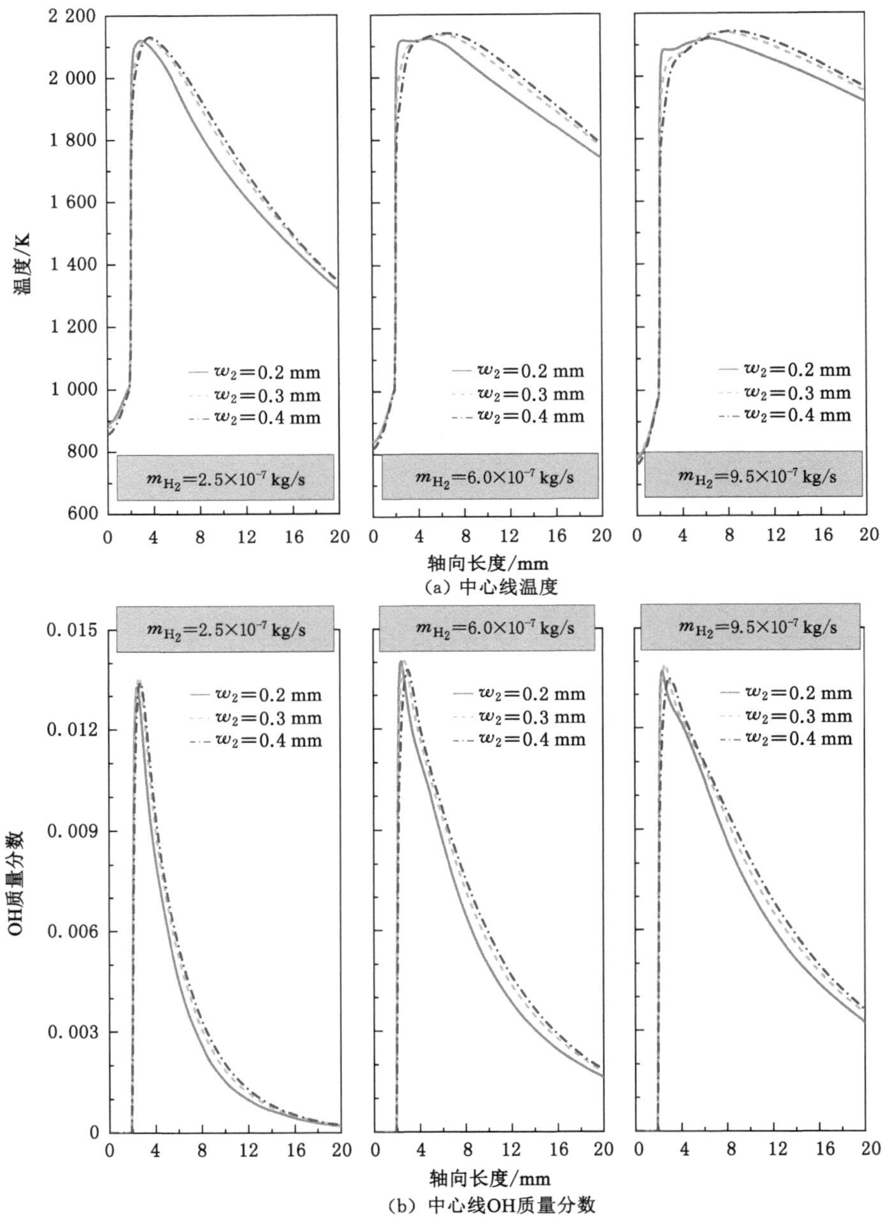

图 5-23　不同氢气质量流量下旋流入口宽度 w_2 对燃烧器中心线温度及 OH 质量分数分布的影响

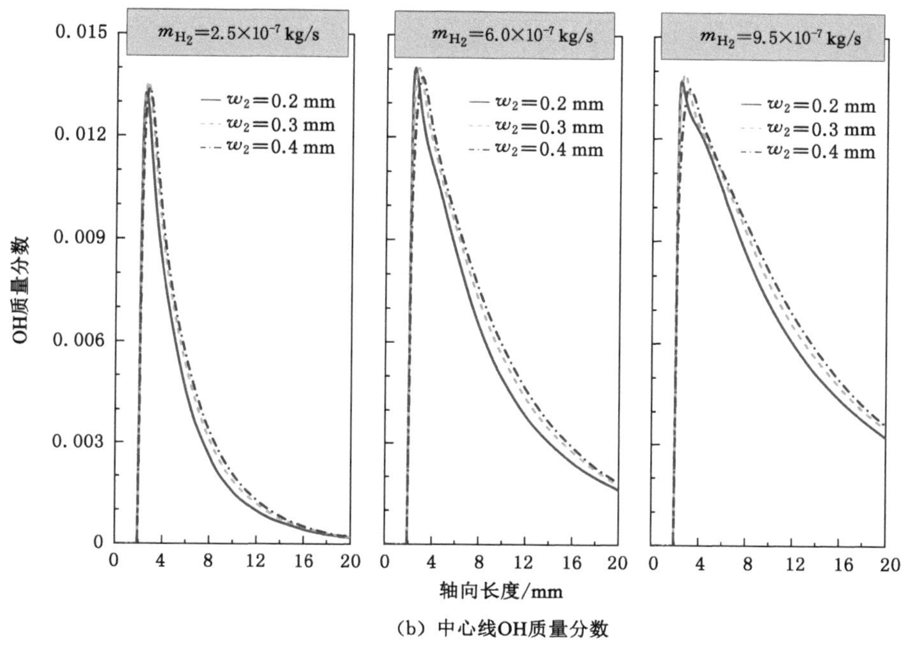

(b) 中心线OH质量分数

图 5-23 (续)

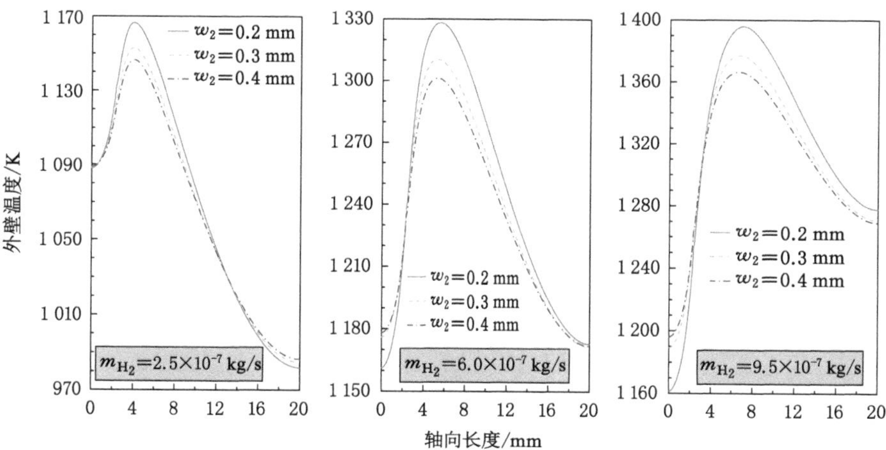

图 5-24　不同氢气质量流量下旋流入口宽度 w_2 对燃烧器外壁温度分布的影响

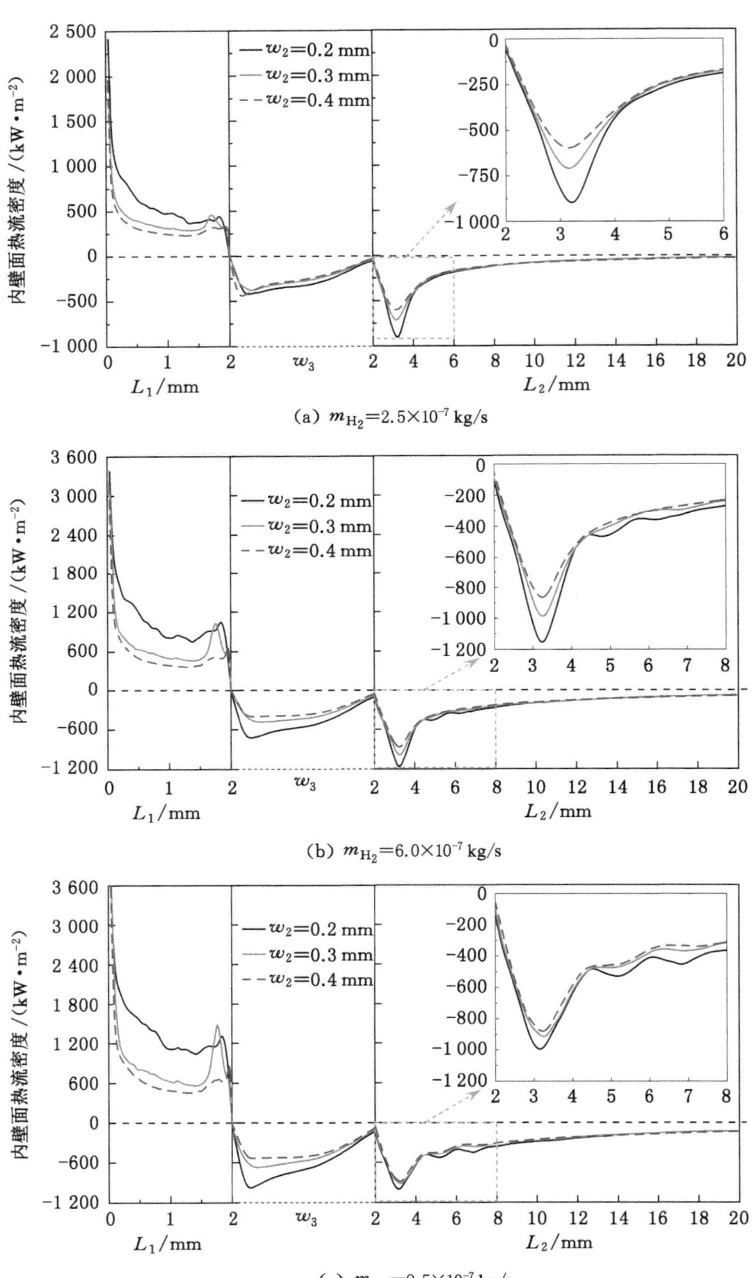

(a) $m_{H_2}=2.5\times10^{-7}$ kg/s

(b) $m_{H_2}=6.0\times10^{-7}$ kg/s

(c) $m_{H_2}=9.5\times10^{-7}$ kg/s

图 5-25　不同氢气质量流量下旋流入口宽度 w_2 对燃烧器内壁面热流密度的影响

量为 9.5×10^{-7} kg/s 且旋流入口宽度 w_2 等于 0.2 mm 为例，入口段 L_1 的传热量为 11.08 W，而台阶高度 w_3 和燃烧室内壁面 L_2 段的传热量为 58.61 W，这说明高温气体向壁面的传热量远大于入口壁面向来流气体的传热量。此外，燃烧室内壁面 L_2 段的热流密度最大值在 $z=3$ mm 附近的位置，该处也是 CRZ 的末端(图 5-22)。此外，随着旋流入口宽度 w_2 的减小，壁面传热强度变大。因此，可以通过减小旋流入口宽度 w_2 来提高传热强度。

图 5-26 给出了不同氢气质量流量下旋流入口宽度 w_2 对燃烧器平均外壁温度及外壁温度归一化标准差 T_{NSD} 的影响。平均外壁温度随旋流入口宽度 w_2 的减小而升高。例如，与 $w_2=0.4$ mm 的燃烧器相比，当入口氢气质量流量分别为 2.5×10^{-7} kg/s、6.0×10^{-7} kg/s 和 9.5×10^{-7} kg/s 时，$w_2=0.2$ mm 的燃烧器的平均外壁温度分别提高了 4.5 K、11.8 K 和 12.5 K。但是，外壁温度的均匀性也会随旋流入口宽度 w_2 的减小而降低。因此，可以总结旋流入口宽度 w_2 对燃烧器传热性能的影响如下：通过减小旋流入口宽度 w_2，可以产生较大的再循环区以加强气体和固体壁面之间的传热，最终能够提高燃烧器外壁温度水平，但也会降低外壁温度分布的均匀性。

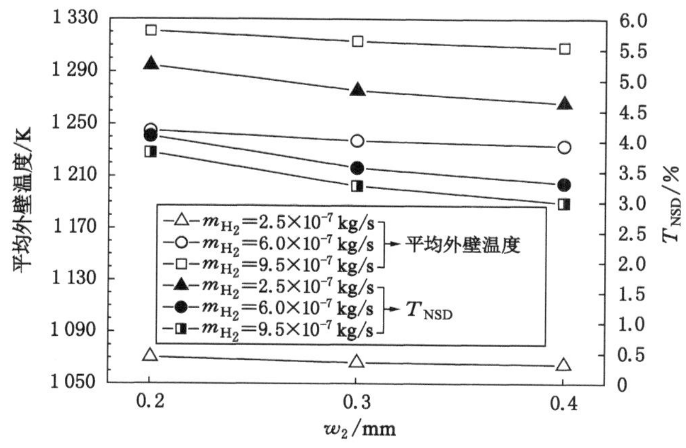

图 5-26　不同氢气质量流量下旋流入口宽度 w_2 对燃烧器平均外壁温度及外壁温度归一化标准差的影响

5.4.3　台阶高度 w_3 的影响

为了研究台阶高度 w_3 的影响，本小节中固定中心入口半径 w_1 为 0 mm，台

阶高度 w_3 的取值依次为 0.4 mm、0.6 mm 和 0.8 mm。对于旋流入口宽度 w_2 的取值，上节研究表明，旋流入口宽度 w_2 的大小会影响入口速度，从而导致再循环区的变化。为了消除旋流入口宽度 w_2 的影响，当台阶高度 w_3 变化时，保持旋流出口面积不变，以维持入口速度相同。图 5-27 为不同氢气质量流量下不同台阶高度 w_3 对燃烧器中心截面 OH 质量分数及温度分布的影响。可以看出，入口氢气质量流量的增加扩大了高温区及高浓度 OH 分布区。此外，高温区和高浓度 OH 分布区主要位于 IRZ，佐证了 IRZ 对火焰稳定性的重要性。台阶高度 w_3 对温度分布影响主要体现在 IRZ 起始位置和 CRZ 内的温度分布，如图 5-27 中方框所示。随着台阶高度 w_3 的增加，IRZ 起始位置的高温区域变窄，而 CRZ 的高温区域则变大。

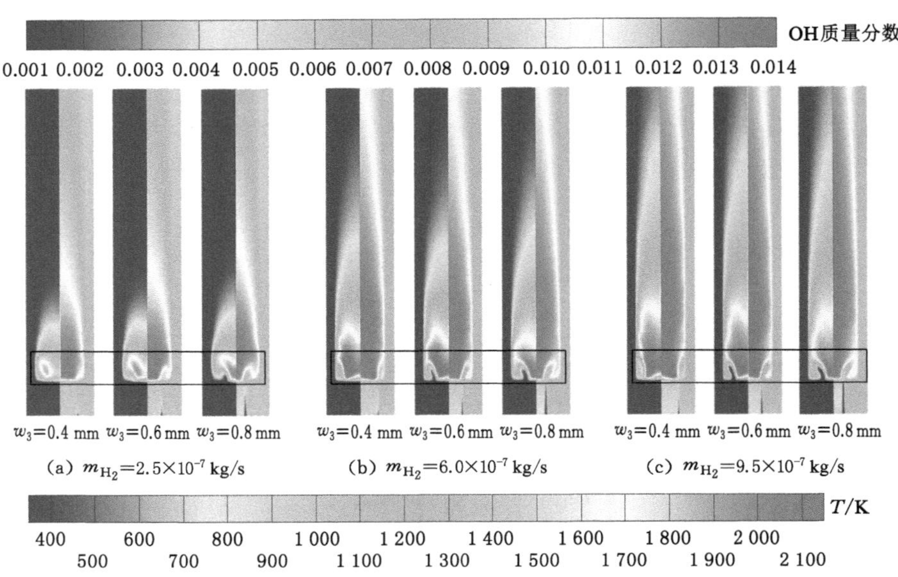

图 5-27　不同氢气质量流量下台阶高度 w_3 对燃烧器中心截面的 OH 质量分数（左侧）及温度（右侧）分布的影响

图 5-28 给出了台阶高度 w_3 对燃烧器外壁温度、内壁面热流密度和局部流场分布的影响。从图 5-28(a)可以看出，当入口氢气质量流量为 2.5×10^{-7} kg/s 时，燃烧器上游的外壁温度随台阶高度 w_3 的增加而下降，燃烧器下游的外壁温度随台阶高度 w_3 的增加而略有上升。但是，在较大的入口流量下（6.0×10^{-7} kg/s 和 9.5×10^{-7} kg/s），燃烧器上游的外壁温度随台阶高度 w_3 的增加而上升，燃烧器

下游的外壁温度随台阶高度 w_3 的增加而下降。图 5-28(b)为入口氢气质量流量为 6.0×10^{-7} kg/s 时的内壁面热流密度大小分布。台阶高度 $w_3=0.4$ mm 时的热流密度最大。另外，随着台阶高度 w_3 的减小，燃烧室内壁面 L_2 段的热流密度最大值的位置稍向上游移动，这与图 5-28(c)所示的 CRZ 的末端位置一致。由图 5-28(c)可以看出，CRZ 的尺寸随台阶高度 w_3 的增加而扩大，而 IRZ 的长度则会随台阶高度 w_3 的增加而缩小。

不同氢气质量流量下台阶高度 w_3 对燃烧器平均外壁温度、外壁温度标准差以及 T_{NSD} 的影响如图 5-29 所示。由图 5-29(a)可以看出，当入口氢气质量流量相同时，不同台阶高度 w_3 的燃烧器平均外壁温度的差值未超过 3 K，说明台阶高度 w_3 对壁面温度水平的影响极小。但是，不同台阶高度 w_3 时的燃烧器外壁温度标准差以及 T_{NSD} 的差异却很大，如图 5-29(b)、(c)所示。当入口氢气质量流量从 2.5×10^{-7} kg/s 增加到 9.5×10^{-7} kg/s 时，与 $w_3=0.4$ mm 的燃烧器的外壁温度标准差和 T_{NSD} 相比，$w_3=0.8$ mm 的燃烧器的外壁温度标准差分别降低了 9.4 K、25.9 K 和 51.2 K，$w_3=0.8$ mm 的燃烧器的 T_{NSD} 分别下降了 12.4%、11.4%和 25.1%。以上结果表明，台阶高度 w_3 对于燃烧器的外壁温度均匀性具有重要影响，增加台阶高度 w_3 可以提高外壁温度的均匀性，同时基本不改变外壁温度的平均值。

5.4.4　传热性能对比

上述分析分别揭示了中心入口半径 w_1、旋流入口宽度 w_2 及台阶高度 w_3 三个结构参数对该旋流式微型辐射燃烧器传热性能的影响，本小节通过调整上述三个结构参数，对比分析不同结构参数的燃烧器 A($w_1=0.2$ mm，$w_2=0.4$ mm，$w_3=0.8$ mm)和燃烧器 B($w_1=0$ mm，$w_2=0.2$ mm，$w_3=1.0$ mm)的传热性能。图 5-30 给出了在入口氢气流量为 6.0×10^{-7} kg/s 时，不同当量比下燃烧器 A 与燃烧器 B 的平均外壁温度及外壁温度标准差。图 5-31 给出了不同当量比下燃烧器 A 与燃烧器 B 的辐射功率大小。

由图 5-30 可知，当当量比从 0.6 增加到 1.0 时，平均外壁温度逐渐增加，在当量比增加到 1.0 时平均外壁温度升至峰值；随后，平均外壁温度随当量比的增加而显著下降。另外，燃烧器 B 的平均外壁面温度明显大于燃烧器 A 的；在当量比为 0.6 时，燃烧器 A 与燃烧器 B 的平均外壁温度的差异最大，为 38.8 K；在当量比为 1.3 时，燃烧器 A 与燃烧器 B 的平均外壁温度的差异最小，为 24.1 K。上述变化表明可以通过调整燃烧室的结构参数可显著提高外壁温度。在外壁温度标准差方面，燃烧器 B 的外壁温度标准差略大于燃烧器 A 的，例如在当量比

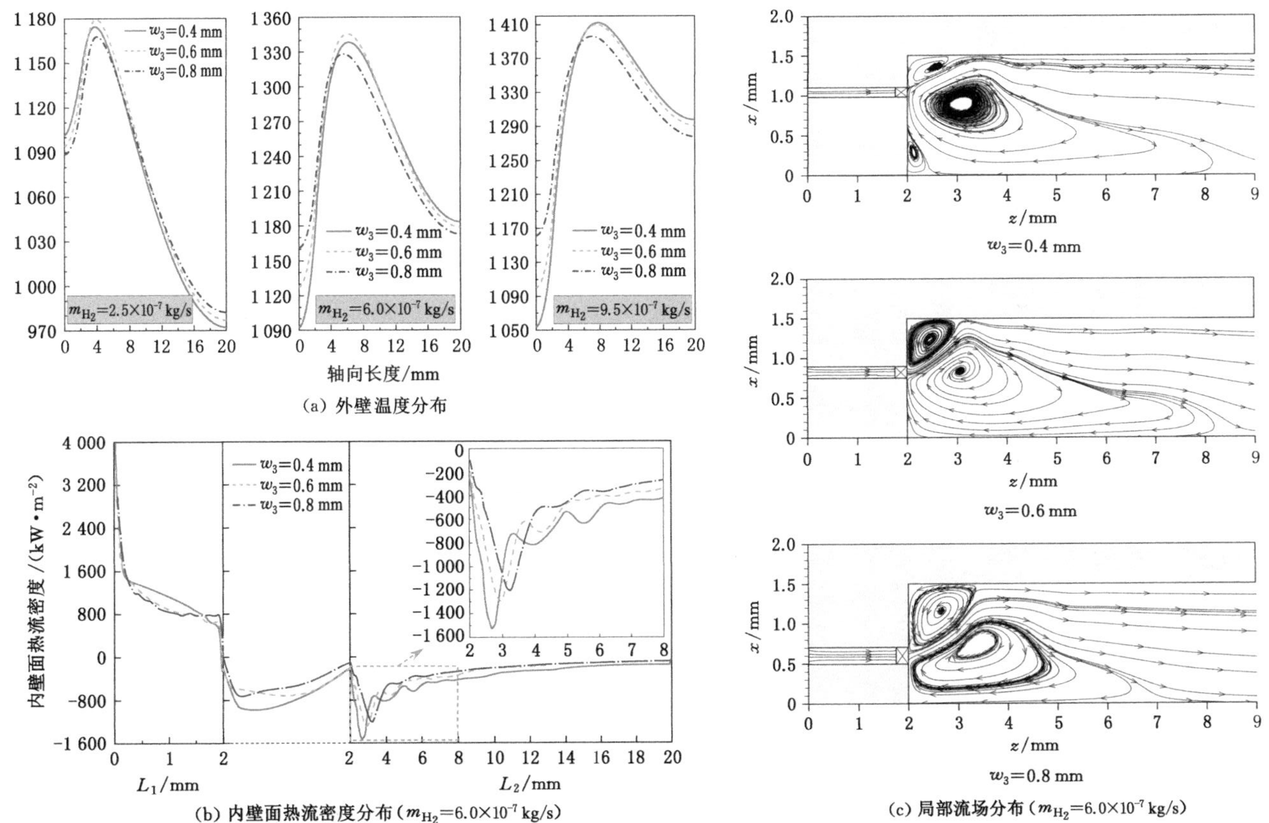

图 5-28 台阶高度 w_3 对燃烧器外壁温度、内壁面热流密度和局部流场分布的影响

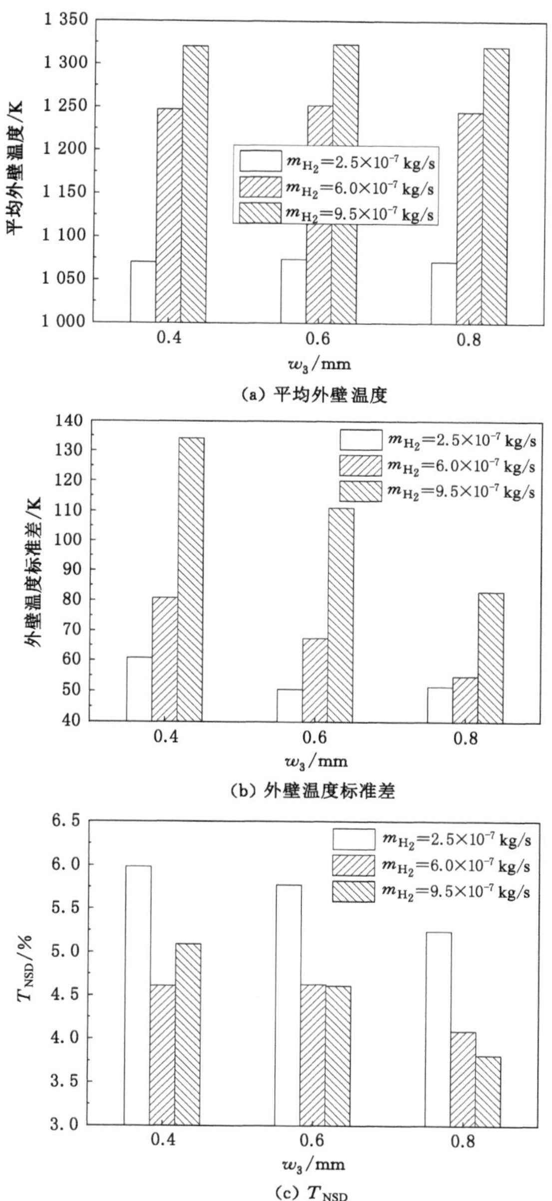

图 5-29　不同氢气质量流量下台阶高度 w_3 对燃烧器平均外壁温度、外壁温度标准差和 T_{NSD} 的影响

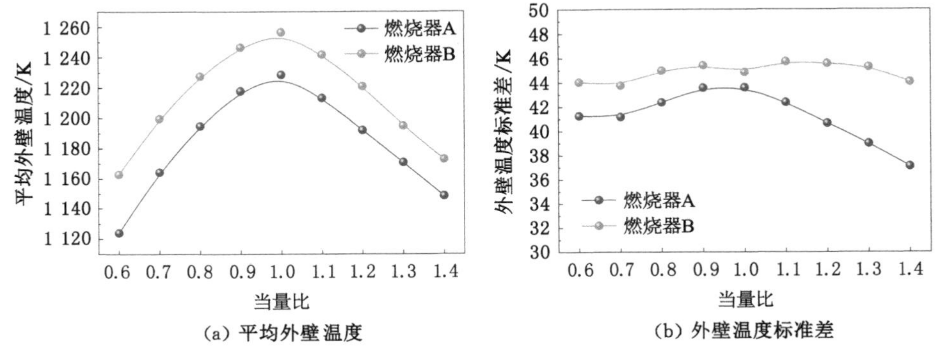

(a) 平均外壁温度　　(b) 外壁温度标准差

图 5-30　不同当量比下燃烧器平均外壁温度和外壁温度标准差

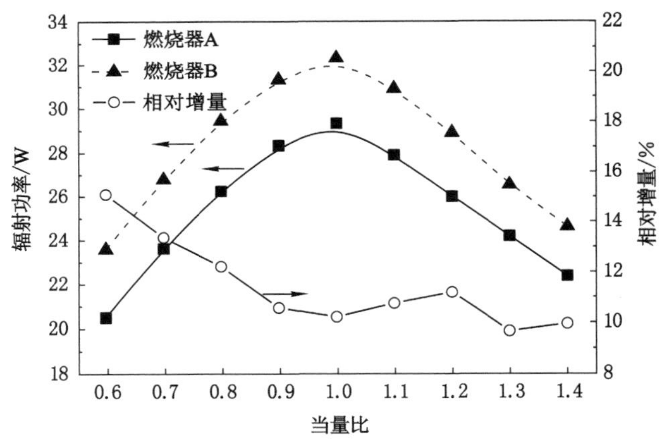

图 5-31　不同当量比下燃烧器辐射功率

为 1.4 和当量比为 1.0 时，燃烧器 A 与燃烧器 B 的外壁温度标准差的最大差值和最小差值分别为 6.95 K 和 1.25 K。

由图 5-31 可知，在当量比为 1.0 时，燃烧器 A 与燃烧器 B 的辐射功率最大，分别为 29.3 W 和 32.3 W。另外，燃烧器 B 的辐射功率明显大于燃烧器 A 的。在当量比从 0.6 增大到 1.4 的过程中，与燃烧器 A 的辐射功率相比，燃烧器 B 的辐射功率的相对增量均超过 9.5%；另外，在当量比为 0.6 时，辐射功率的相对增量最大，为 15.1%。

5.5　本章小结

本章首先针对旋流式微型辐射燃烧器内预混燃烧和非预混燃烧时的火焰特性和传热性能进行了对比分析，后续对燃烧器的几何结构参数对传热性能的影响进行了研究。主要研究结论如下：

（1）旋流式微型辐射燃烧器内预混燃烧时的火焰位置小于非预混燃烧时的火焰位置，并且预混燃烧时的火焰位置不容易受到入口流量和当量比变化的影响，而非预混燃烧时的火焰位置容易受入口条件变化的影响。

（2）入口流量较小时，预混燃烧和非预混燃烧模式下的外壁温度水平相当，但是非预混燃烧模式下的外壁温度均匀性更好。当入口流量较大时，预混燃烧模式下的外壁温度水平及其均匀性均优于非预混燃烧模式下的。此外，当量比对旋流式微型辐射燃烧器的热性能有较大影响，预混燃烧模式在当量比较小时的优势更加明显。

（3）通过对旋流式微型辐射燃烧器的结构参数研究发现，中心入口半径 w_1 对燃烧器的传热性能影响较小，主要体现在中心入口半径 w_1 的减小对外壁温度水平及均匀性的提升较弱。旋流入口宽度 w_2 的减小明显扩大了中心回流区的范围，从而强化了高温气体与壁面间的传热。外壁温度水平随旋流入口宽度 w_2 的减小而增加，但是外壁温度的均匀性却随旋流入口宽度 w_2 的减小而降低。台阶高度 w_3 主要改变角落回流区的大小，台阶高度 w_3 的增加可以提高外壁温度的均匀性，但是外壁温度水平基本保持不变。结构参数的改变可将燃烧器的辐射功率提升 9.5％～15.1％。

第6章 总结与展望

6.1 主要结论

近年来，国防及民用领域对便携式供能系统的需求激增，促进了基于碳氢燃料燃烧的微型动力系统的蓬勃发展。微型热光电系统结构简单、无运动部件，而且系统的微型化有利于提高能量密度及能量利用效率，是目前应用前景较好的微型动力系统。微型辐射燃烧器作为微型热光电系统的核心部件，在燃烧器设计过程中，通常需要尽可能提高燃烧器的壁面温度水平及壁面温度均匀性，同时保证燃烧器内燃料稳定燃烧。本书针对应用于微型热光电系统的微型辐射燃烧器，开展燃烧器传热特性分析及强化传热研究，并设计旋流式微型辐射燃烧器，提高火焰稳定性及传热性能。主要研究结论如下：

(1) 建立微型辐射燃烧器耦合传热数值模型，搭建微尺度燃烧实验平台，开展相关实验验证。针对数值模拟过程中的辐射换热求解问题，本书采用解耦和耦合两种计算方法评估了计算效率与精度较好的灰气体加权和 WSGG 模型。发现采用非灰处理的 WSGG 模型计算精度要比灰处理的 WSGG 模型计算精度高，但计算耗时较大，2014 年 Bordbar 等人提出的模型参数的非灰处理方法在计算过程中精度较高，适用性较好。

(2) 针对微型辐射燃烧器内传热特性，分析了不同尺寸下圆柱形燃烧器内的耦合传热过程，并对燃烧器的传热特性进行研究。发现燃烧器内表面的辐射热流密度要远小于对流热流密度。当通道直径小于 5 mm 时，辐射热流密度对总热流密度的贡献占比小于 4.0%；而当通道直径为 11 mm 时，贡献占比可达到 9.5%左右。当通道直径不超过 3 mm 时，热辐射作用对火焰结构基本没有影响；当通道直径超过 3 mm 时，热辐射作用会改变了基元反应放热速率，导致火焰锋面位置发生移动。而燃烧器外壁面的散热损失以辐射热损失为主，通道直径越小，壁面热损失率越大。

(3) 针对微型辐射燃烧器传热强化，提出了一种缩放通道结构的强化措施。发现缩放通道结构可以显著提升微型辐射燃烧器外壁温度水平及温度分布的均匀性，主要因为缩放通道结构中的渐缩段形状与火焰形状吻合，使得化学反应区更靠近壁面，而渐扩段增加流体扰动，从而提升气-固界面热传递。随着入口速度的增加，缩放通道结构对燃烧器传热性能的提升效果更明显。当壁面材料为导热系数较低的石英时，缩放通道结构仅能提高外壁温度的均匀性，而对温度水平影响很小；壁面材料导热系数越高，缩放通道结构对燃烧器传热性能的强化效果越好。无量纲喉部直径与喉部位置分别为 0.400 和 0.375 时，燃烧器的传热性能最佳，并且实现最优性能的缩放通道的结构参数不受入口速度变化的影响。

(4) 为了提高微型辐射燃烧器内的火焰稳定性，基于旋流稳燃的概念设计旋流式微型辐射燃烧器。研究发现，旋流式微型辐射燃烧器内存在的中心回流区和角落回流区有利于提升火焰的稳定性，其中角落回流区用于增强入口壁面的预热效果，而中心回流区则用于锚定火焰根部，防止其向下游移动。当量比增大提升壁面温度水平，引起外壁热损失增多。但是，当量比的增加可以提高燃烧强度，增强入口反应物预热效果，从而提高火焰的稳定性。旋流器叶片角度对火焰稳燃极限影响较大。当量比为 0.4 时，叶片角度 $\beta=30^\circ$ 的旋流式微型辐射燃烧器的吹熄极限最大，β 的增加可以拓宽旋流式微型辐射燃烧器的可燃下限。这是由于不同 β 下的流场和火焰结构存在差异造成的。当 β 为 0° 和 15° 时，火焰的锚定主要依靠角落回流区，而当 β 不小于 30° 时，火焰的锚定主要依靠中心回流区。中心回流区对火焰的稳燃能力强于角落回流区，但是过大的旋流强度会引起中心回流区长度增加，致使火焰根部也随着中心回流区向下游延伸，进而导致稳燃能力降低。

(5) 旋流式微型辐射燃烧器内氢气、空气采用非预混燃烧时的火焰位置明显大于预混燃烧时的火焰位置，并且当入口流量及当量比发生变化时，预混燃烧时的火焰位置改变很小，而非预混燃烧时的火焰位置变化很大。当入口流量较小时，非预混燃烧时的外壁温度归一化标准差（T_{NSD}）更小，而且此时平均外壁温度与预混燃烧时的差异非常小。随着入口流量的增加，预混燃烧模式下的外壁温度水平及其均匀性均优于非预混燃烧模式下的；随着当量比的减小，预混燃烧模式在燃烧器传热性能方面的优势也更加突显。

(6) 对旋流式微型辐射燃烧器内回流区特征影响较大的结构参数分析表明：中心入口半径 w_1 的减小对外壁温度水平及均匀性的提升较弱；旋流入口宽度 w_2 主要影响中心回流区的大小，w_2 的减小扩大了中心回流区的范围，提高了外壁温度水平，但却降低了温度分布的均匀性；台阶高度 w_3 主要影响角落回流区的大小，w_3 的增加扩大了角落回流区的范围，提高了外壁温度的均匀性，同时外壁温度水平基本保持不变。结构参数的改变可将燃烧器的辐射功率最大提升15.1％。

6.2 创新点

（1）提出了一种强化微型辐射燃烧器传热性能的缩放通道结构，发现缩放通道结构可显著提升燃烧器外壁温度水平及温度分布的均匀性，但当壁面材料导热系数较低时，缩放通道仅可提升外壁温度的均匀性。

（2）明晰了不同尺寸下氢气燃料微型辐射燃烧器内辐射换热作用，发现对于长径比为 10 的燃烧器（直径 1～11 mm），当通道直径小于 3 mm 时，热辐射对于燃烧和传热作用可忽略。

（3）微型辐射燃烧器引入旋流燃烧方式，发现旋流中心回流区火焰驻定作用和角落回流区预热作用有利于提升火焰稳定性，结构参数可以改变回流区特征进而提升燃烧器辐射功率。

6.3 后续工作展望

（1）针对微尺度条件下的耦合传热过程，分析辐射换热对火焰传播特性的影响，尤其是对不稳定火焰形态的影响机制与规律，有利于充分了解微尺度火焰燃烧特性及火焰稳定性。

（2）进一步研究旋流式微型辐射燃烧器内的火焰特性，本书的研究工作仅限于稳定火焰特性，后续需对旋流式微型辐射燃烧器内的动态火焰或不稳定火焰特性进行研究，以提高微尺度下的火焰稳定性。

（3）本书主要探讨了微型辐射燃烧器内氢气旋流燃烧特性，后续可针对氨氢融合零碳燃料的旋流燃烧特性进行深入研究，进一步拓宽微尺度下旋流燃烧技术的应用领域。

参考文献

[1] 李星,杨浩林,蒋利桥,等.微型能源动力装置及微尺度燃烧研究[J].新能源进展,2019,7(1):60-74.

[2] CHAKRABORTY S,COURTNEY D G,SHEA H. A 10 nN resolution thrust-stand for micro-propulsion devices [J]. Review of scientific instruments,2015,86(11):115109.

[3] KAISARE N S, VLACHOS D G. A review on microcombustion: fundamentals, devices and applications [J]. Progress in energy and combustion science,2012,38(3):321-359.

[4] SPADACCINI C M,MEHRA A,LEE J,et al. High power density silicon combustion systems for micro gas turbine engines [J]. Journal of engineering for gas turbines and power,2003,125(3):709-719.

[5] WAITZ I A,GAUBA G,TZENG Y S. Combustors for micro-gas turbine engines[J]. Journal of fluids engineering,1998,120(1):109-117.

[6] NORTON D G,VLACHOS D G. A CFD study of propane/air microflame stability[J]. Combustion and flame,2004,138(1/2):97-107.

[7] MARUTA K,KATAOKA T,KIM N I,et al. Characteristics of combustion in a narrow channel with a temperature gradient[J]. Proceedings of the Combustion Institute,2005,30(2):2429-2436.

[8] PIZZA G,FROUZAKIS C E,MANTZARAS J,et al. Dynamics of premixed hydrogen/air flames in mesoscale channels[J]. Combustion and flame, 2008,155(1/2):2-20.

[9] PIZZA G,FROUZAKIS C E,MANTZARAS J,et al. Dynamics of premixed hydrogen/air flames in microchannels[J]. Combustion and flame, 2008, 152(3):433-450.

[10] NAKAMURA H,FAN A W,MINAEV S,et al. Bifurcations and negative propagation speeds of methane/air premixed flames with repetitive extinction and ignition in a heated microchannel[J]. Combustion and flame,2012,159(4):1631-1643.

[11] EPSTEIN A H, SENTURIA S D, ANATHASURESH G, et al. Power MEMS and microengines [C]//International Solid State Sensors and Actuators Conference, June 19,1997,Chicago,IL,USA. [S. l.]:IEEE, 1997:753-756.

[12] EPSTEIN A,SENTURIA S,AL-MIDANI O,et al. Micro-heat engines, gas turbines, and rocket engines:the MIT microengine project[C]//28th Fluid Dynamics Conference,June 29-July 2,1997,Snowmass Village,CO, USA. Reston,Virginia:AIAA,1997:1-12.

[13] MEHRA A, WAITZ I. Development of a hydrogen combustor for a microfabricated gas turbine engine[C]//Solid-State Sensor and Actuator Workshop,June 8-11,1998,Hilton Head Island,South Carolina. [S. l.: s. n.],1998.

[14] MEHRA A, ZHANG X, AYON A A, et al. A six-wafer combustion system for a silicon micro gas turbine engine [J]. Journal of microelectromechanical systems,2000,9(4):517-527.

[15] SPADACCINI C M, ZHANG X, CADOU C P, et al. Preliminary development of a hydrocarbon-fueled catalytic micro-combustor [J]. Sensors and actuators A:physical,2003,103(1/2):219-224.

[16] SPADACCINI C M,PECK J,WAITZ I A. Catalytic combustion systems for microscale gas turbine engines[J]. Journal of engineering for gas turbines and power,2007,129(1):49-60.

[17] ISOMURA K, MURAYAMA M, TERAMOTO S, et al. Experimental verification of the feasibility of a 100 W class micro-scale gas turbine at an impeller diameter of 10 mm [J]. Journal of micromechanics and microengineering,2006,16(9):S254-S261.

[18] ISOMURA K,TANAKA S,TOGO S I,et al. Development of high-speed micro-gas bearings for three-dimensional micro-turbo machines [J]. Journal of micromechanics and microengineering,2005,15(9):S222-S227.

[19] TANAKA S, ISOMURA K, TOGO S I, et al. Turbo test rig with

hydroinertia air bearings for a palmtop gas turbine [J]. Journal of micromechanics and microengineering, 2004, 14(11): 1449-1454.

[20] TANAKA S, ESASHI M, ISOMURA K, et al. Hydroinertiagas bearing system to achieve 470 m/s tip speed of 10mm-diameter impellers [J]. Journal of tribology, 2007, 129(3): 655-659.

[21] TANAKA S, HIKICHI K, TOGO S, et al. World's smallest gas turbine establishing Brayton cycle [C]//7th International Workshop on Micro and Nanotechnology for Power Generation and Energy Conversion Applications, November 28-29, 2007, Freiburg, Germany. [S. l.: s. n.], 2007.

[22] DESSORNES O, LANDAIS S, VALLE R, et al. Advances in thedevelopment of a microturbine engine [J]. Journal of engineering for gas turbines and power, 2014, 136(7): 071201.

[23] 徐进良,胡建军,曹海亮.微燃烧透平发电系统的研制及性能测试[J].中国机械工程,2008,19(12):1399-1405.

[24] CAO H L, XU J L. Thermal performance of a micro-combustor for micro-gas turbine system [J]. Energy conversion and management, 2007, 48(5): 1569-1578.

[25] FU K, KNOBLOCH A J, MARTINEZ F C, et al. Design and experimental results of small-scale rotary engines [C]//Proceedings of ASME 2001 International Mechanical Engineering Congress and Exposition, November 11-16, 2001, New York, USA. [S. l.: s. n.], 2001: 867-873.

[26] FERNANDEZ-PELLO A C, PISANO A P, FU K, et al. MEMS rotary engine power system [J]. IEEJ transactions on sensors and micromachines, 2003, 123(9): 326-330.

[27] SPRAGUE S B, PARK S W, WALTHER D C, et al. Development and characterisation of small-scale rotary engines [J]. International journal of alternative propulsion, 2007, 1(2/3): 275.

[28] LEE C H, JIANG K C, JIN P, et al. Design and fabrication of a micro Wankel engine using MEMS technology [J]. Microelectronic engineering, 2004, 73/74(1): 529-534.

[29] 钟晓晖,王小雷,勾昱君,等.1台微型三角转子发动机的研制与试验研究[J].航空发动机,2007,33(4):15-17.

[30] DAHM W, MIJIT J, MAYOR R, et al. Micro internal combustion swing

engine (MICSE) for portable power generation systems[C]//Proceedings of the 40th AIAA Aerospace Sciences Meeting & Exhibit, January 14-17, Reno, NV, USA. Reston, Virigina: AIAA, 2002: 1-13.

[31] GU Y X, DAHM W. Turbulence-augmented minimization of combustion time in mesoscale internal combustion engines[C]//Proceedings of the 44th AIAA Aerospace Sciences Meeting and Exhibit, January 09-12, Reno, NV, USA. Reston, Virigina: AIAA, 2006: 1-20.

[32] SHI B, YU H, ZHANG J. The effects of the various factors and the engine size on micro internal combustion swing engine (MICSE)[J]. Applied thermal engineering, 2018, 144: 262-268.

[33] ZHOU X, ZHANG Z Y, KONG W J, et al. Investigations of leakage mechanisms and its influences on a micro swing engine considering rarefaction effects[J]. Applied thermal engineering, 2016, 106: 674-680.

[34] 张志广,夏晨,黄国平,等. 非等容多腔微型摆式发动机的带回热混合动力循环特性分析[J]. 中国科学(技术科学), 2019, 49(4): 378-390.

[35] SCHAEVITZ S B, FRANZ A J, JENSEN K F, et al. A combustion-based MEMS thermoelectric power generator[C]//OBERMEIER E. Transducers '01 Eurosensors XV. Berlin, Heidelberg: Springer, 2001: 30-33.

[36] VICAN J, GAJDECZKO B F, DRYER F L, et al. Development of a microreactor as a thermal source for microelectromechanical systems power generation[J]. Proceedings of the Combustion Institute, 2002, 29(1): 909-916.

[37] FEDERICI J A, NORTON D G, BRÜGGEMANN T, et al. Catalytic microcombustors with integrated thermoelectric elements for portable power production[J]. Journal of power sources, 2006, 161(2): 1469-1478.

[38] KARIM A M, FEDERICI J A, VLACHOS D G. Portable power production from methanol in an integrated thermoeletric/microreactor system[J]. Journal of power sources, 2008, 179(1): 113-120.

[39] YOSHIDA K, TANAKA S, TOMONARI S, et al. High-energy density miniature thermoelectric generator using catalytic combustion[J]. Journal of microelectromechanical systems, 2006, 15(1): 195-203.

[40] MEROTTO L, FANCIULLI C, DONDÈ R, et al. Study of a thermoelectric generator based on a catalytic premixed meso-scale

combustor[J]. Applied energy,2016,162:346-353.

[41] FANCIULLI C,ABEDI H,MEROTTO L,et al. Portable thermoelectric power generation based on catalytic combustor for low power electronic equipment[J]. Applied energy,2018,215:300-308.

[42] SHIMOKURI D,TAOMOTO Y,MATSUMOTO R. Development of a powerful miniature power system with a meso-scale vortex combustor [J]. Proceedings of the Combustion Institute,2017,36(3):4253-4260.

[43] JIANG L Q,ZHAO D Q,GUO C M,et al. Experimental study of a plat-flame micro combustor burning DME for thermoelectric power generation [J]. Energy conversion and management,2011,52(1):596-602.

[44] 张永生,周俊虎,杨卫娟,等. 微型燃烧器热电转化实验研究[J]. 中国电机工程学报,2006,26(21):114-118.

[45] WANG W,ZHAO Z Y,KUANG N L,et al. Experimental study and optimization of a combustion-based micro thermoelectric generator[J]. Applied thermal engineering,2020,181:115431.

[46] GAO H M,LI G N,JI W,et al. Experimental study of a mesoscale combustor-powered thermoelectric generator[J]. Energy reports,2020,6:507-517.

[47] LI G N,ZHU D Y,ZHENG Y Q,et al. Mesoscale combustor-powered thermoelectric generator with enhanced heat collection [J]. Energy conversion and management,2020,205:112403.

[48] LI G N,ZHENG Y Q,GUO W W,et al. Mesoscale combustor-powered thermoelectric generator: experimental optimization and evaluation metrics[J]. Applied energy,2020,272:115234.

[49] YADAV S,SHARMA P,YAMASANI P,et al. A prototype micro-thermoelectric power generator for micro-electromechanical systems[J]. Appliedphysics letters,2014,104(12):123903.

[50] YADAV S,YAMASANI P,KUMAR S. Experimental studies on a micro power generator using thermo-electric modules mounted on a micro-combustor[J]. Energy conversion and management,2015,99:1-7.

[51] ARAVIND B,RAGHURAM G K S,KISHORE V R,et al. Compact design of planar stepped micro combustor for portable thermoelectric power generation [J]. Energyconversion and management,2018,156:

224-234.

[52] ARAVIND B, KHANDELWAL B, KUMAR S. Experimental investigations on a new high intensity dual microcombustor based thermoelectric micropower generator [J]. Applied energy, 2018, 228: 1173-1181.

[53] ARAVIND B,SAINI D K,KUMAR S. Experimental investigations on the role of various heat sinks in developing an efficient combustion based micro power generator[J]. Applied thermal engineering,2018,148:22-32.

[54] ARAVIND B,KHANDELWAL B,RAMAKRISHNA P A,et al. Towards the development of a high power density, high efficiency, micro power generator[J]. Applied energy,2020,261:114386.

[55] ARAVIND B,HIRANANDANI K,KUMAR S. Development of an ultra-high capacity hydrocarbon fuel based micro thermoelectric power generator[J]. Energy,2020,206:118099.

[56] YANG W M, CHOU S K, SHU C, et al. Development of microthermophotovoltaic system [J]. Applied physics letters, 2002, 81 (27):5255-5257.

[57] YANG W M, CHOU S K, SHU C, et al. Research on micro-thermophotovoltaic power generators[J]. Solar energy materials and solar cells,2003,80(1):95-104.

[58] YANG W M,CHOU S K,SHU C,et al. Development of a prototype micro-thermophotovoltaic power generator [J]. Journal of physics D: applied physics,2004,37(7):1017-1020.

[59] YANG W M,CHOU S K,LI J. Microthermophotovoltaic power generator with high power density [J]. Applied thermal engineering, 2009, 29 (14/15): 3144-3148.

[60] YANG W M,CHOU S K,PAN J F,et al. Comparison of cylindrical and modular micro combustor radiators for micro-TPV system application[J]. Journal of micromechanics and microengineering,2010,20(8):085003.

[61] YANG W M,JIANG D Y,CHOU S K,et al. Experimental study on micro modular combustor for micro-thermophotovoltaic system application[J]. International journal of hydrogen energy,2012,37(12):9576-9583.

[62] JIANG D Y,YANG W M,LIU Y J,et al. The development of a wideband

and angle-insensitive metamaterial filter with extraordinary infrared transmission for micro-thermophotovoltaics [J]. Journal of materials chemistry C,2015,3(15):3552-3558.

[63] JIANG D Y,YANG W M. Refractory material based frequency selective emitters/absorbers for high efficiency and thermal stable thermophotovoltaics[J]. Solar energy materials and solar cells,2017,163:98-104.

[64] JIANG D. Development of micro modular thermophotovoltaic power generator[D]. Singapore:National University of Singapore,2015.

[65] PAN J F,DING J N,YANG W M,et al. Design conceits and testing of a prototype micro thermophotovoltaic system [C]//2006 1st IEEE International Conference on Nano/Micro Engineered and Molecular Systems,January 18-21,Zhuhai,China. [S. l.]:IEEE,2006:144-148.

[66] 潘剑锋,杨文明,李德桃,等. 微热光电系统原型的设计制造和测试[J]. 工程热物理学报,2005,26(5):887-890.

[67] BANI S,PAN J F,TANG A K,et al. Micro combustion in a porous media for thermophotovoltaic power generation[J]. Applied thermal engineering,2018,129:596-605.

[68] TANG A K,CAI T,HUANG Q H,et al. Numerical study on energy conversion performance of micro-thermophotovoltaic system adopting a heat recirculation micro-combustor[J]. Fuel processing technology,2018,180:23-31.

[69] BANI S,PAN J F,TANG A K,et al. Numerical investigation of key parameters of the porous media combustion based micro-thermophotovoltaic system[J]. Energy,2018,157:969-978.

[70] PARK J H,LEE S I,WU H,et al. Thermophotovoltaic power conversion from a heat-recirculating micro-emitter[J]. International journal of heat and mass transfer,2012,55(17/18):4878-4885.

[71] LEE S I, UM D H, KWON O C. Performance of a micro-thermophotovoltaic power system using an ammonia-hydrogen blend-fueled micro-emitter[J]. International journal of hydrogen energy,2013,38(22):9330-9342.

[72] UM D H,KIM T Y,KWON O C. Power and hydrogen production from

ammonia in a micro-thermophotovoltaic device integrated with a micro-reformer[J]. Energy,2014,73:531-542.

[73] GENTILLON P, SINGH S, LAKSHMAN S, et al. A comprehensive experimental characterisation of a novel porous media combustion-based thermophotovoltaic system with controlled emission[J]. Applied energy, 2019,254:113721.

[74] CHAN W R,BERMEL P,PILAWA-PODGURSKI R CN,et al. Toward high-energy-density,high-efficiency,and moderate-temperature chip-scale thermophotovoltaics[J]. Proceedings of the National Academy of Sciences of the United States of America,2013,110(14):5309-5314.

[75] CHAN W R, STELMAKH V, GHEBREBRHAN M, et al. Enabling efficient heat-to-electricity generation at the mesoscale [J]. Energy &environmental science,2017,10(6):1367-1371.

[76] CHAN W R,STELMAKH V,KARNANI S,et al. Towards a portable mesoscale thermophotovoltaic generator [J]. Journal of physics: conference series,2018,1052:012041.

[77] LONDON A P, EPSTEIN A H, KERREBROCK J L. High-pressure bipropellant microrocket engine[J]. Journal of propulsion and power, 2001,17(4):780-787.

[78] LONDON A P,AYÓN A A,EPSTEIN A H,et al. Microfabrication of a high pressure bipropellant rocket engine[J]. Sensors and actuators A: physical,2001,92(1/2/3):351-357.

[79] WU M H,YETTER R A. A novel electrolytic ignition monopropellant microthruster based on low temperature co-fired ceramic tape technology [J]. Lab on a chip,2009,9(7):910-916.

[80] ALIPOOR A, MAZAHERI K. Combustion characteristics and flame bifurcation in repetitive extinction-ignition dynamics for premixed hydrogen-air combustion in a heated micro channel[J]. Energy,2016,109: 650-663.

[81] BAUMGARDNER M E, HARVEY J. Analyzing OH*, CH*, and C2* chemiluminescence of bifurcating FREI propane-air flames in a micro flow reactor[J]. Combustion and flame,2020,221:349-351.

[82] CAI T,TANG A K,ZHAO D,et al. Flame dynamics and stability of

premixed methane/air in micro-planar quartz combustors[J]. Energy, 2020,193:116767.

[83] CAI T,TANG A,ZHAO D,et al. Experimental observation and numerical study on flame structures, blowout limit and radiant efficiency of premixed methane/air in micro-scale planar combustors[J]. Applied thermal engineering,2019,158:113810.

[84] MINAEV S,FURSENKO R,SERESHCHENKO E,et al. Oscillating and rotating flame patterns in radial microchannels[J]. Proceedings of the Combustion Institute,2013,34(2):3427-3434.

[85] XIANG Y, YUAN Z, WANG S, et al. Effects of flow rate and fuel/air ratio on propagation behaviors of diffusion H_2/air flames in a micro-combustor[J]. Energy,2019,179:315-322.

[86] ABBASPOUR P, ALIPOOR A. Numerical study of combustion characteristics and oscillating behaviors of hydrogen-air combustion in converging-diverging microtubes[J]. International journal of heat and mass transfer,2020,159:120127.

[87] ALIPOOR A,MAZAHERI K. Maps of flame dynamics for premixed lean hydrogen-air combustion in a heated microchannel[J]. Energy, 2020, 194:116852.

[88] TANG A K,CAI T,DENG J,et al. Experimental study on flame structure transitions of premixed propane/air in micro-scale planar combustors[J]. Energy,2019,179:558-570.

[89] XU B,JU Y G. Experimental study of spinning combustion in a mesoscale divergent channel[J]. Proceedings of the Combustion Institute, 2007, 31(2):3285-3292.

[90] KUMAR S, MARUTA K, MINAEV S. On the formation of multiple rotating Pelton-like flame structures in radial microchannels with lean methane-air mixtures[J]. Proceedings of the Combustion Institute,2007, 31(2):3261-3268.

[91] FAN A W, MARUTA K, NAKAMURA H, et al. Experimental investigation on flame pattern formations of DME-air mixtures in a radial microchannel[J]. Combustion and flame,2010,157(9):1637-1642.

[92] FAN A W,WAN J L,MARUTA K,et al. Flame dynamics in a heated

meso-scale radial channel[J]. Proceedings of the Combustion Institute, 2013,34(2):3351-3359.

[93] KIM N,KATO S,KATAOKA T,et al. Flame stabilization and emission of small Swiss-roll combustors as heaters[J]. Combustion and flame, 2005,141(3):229-240.

[94] KUO C H, RONNEY P D. Numerical modeling of non-adiabatic heat-recirculating combustors[J]. Proceedings of the Combustion Institute, 2007,31(2):3277-3284.

[95] ZHONG B J, WANG J H. Experimental study on premixed CH_4/air mixture combustion in micro Swiss-roll combustors[J]. Combustion and flame,2010,157(12):2222-2229.

[96] WANG S X,YUAN Z L,FAN A W. Experimental investigation on non-premixed CH_4/air combustion in a novel miniature Swiss-roll combustor [J]. Chemical engineering and processing: process intensification, 2019, 139:44-50.

[97] BAGHERI G, HOSSEINI S E. Impacts of inner/outer reactor heat recirculation on the characteristic of micro-scale combustion system[J]. Energy conversion and management,2015,105:45-53.

[98] TANG A K, CAI T, DENG J, et al. Experimental investigation on combustion characteristics of premixed propane/air in a micro-planar heat recirculation combustor[J]. Energy conversion and management, 2017, 152:65-71.

[99] WAN J L, ZHAO H B. Ultra-rich fuel dynamics of a holder-stabilized premixed flame in a preheated mesoscale combustor[J]. Energy, 2021, 214:118960.

[100] WAN J L, ZHAO H B. Blow-off mechanism of a holder-stabilized laminar premixed flame in a preheated mesoscale combustor [J]. Combustion and flame,2020,220:358-367.

[101] WAN J L,ZHAO H B. Dynamics of a holder-stabilized laminar methane-air premixed flame in a preheated mesoscale combustor at ultra-lean condition[J]. Fuel,2020,279:118473.

[102] WAN J L,ZHAO H B. Effect of thermal condition of solid wall on the stabilization of a preheated and holder-stabilized laminar premixed flame

[J]. Energy,2020,200:117548.

[103] WAN J L, ZHAO H B. Experimental study on blow-off limit of a preheated and flame holder-stabilized laminar premixed flame [J]. Chemical engineering science,2020,223:115754.

[104] WAN J L, ZHAO H B. Thermal performance of solid walls in a mesoscale combustor with a plate flame holder and preheating channels [J]. Energy,2018,157:448-459.

[105] LI J,LI Q Q,SHI J R,et al. Numerical study on heat recirculation in a porous micro-combustor[J]. Combustion and flame,2016,171:152-161.

[106] LI Q Q,LI J,SHI J R,et al. Effects of heat transfer on flame stability limits in a planar micro-combustor partially filled with porous medium [J]. Proceedings of the Combustion Institute,2019,37(4):5645-5654.

[107] 肖洪成,李君,李擎擎.多孔介质微小燃烧器的传热特性分析[J].燃烧科学与技术,2020,26(4):354-360.

[108] WANG W, ZUO Z X, LIU J X. Numerical study of the premixed propane/air flame characteristics in a partially filled micro porous combustor[J]. Energy,2019,167:902-911.

[109] PAN J F, WU D, LIU Y X, et al. Hydrogen/oxygen premixed combustion characteristics in micro porous media combustor[J]. Applied energy,2015,160:802-807.

[110] NING D G,LIU Y,XIANG Y,et al. Experimental investigation on non-premixed methane/air combustion in Y-shaped meso-scale combustors with/without fibrous porous media [J]. Energy conversion and management,2017,138:22-29.

[111] PENG Q G,YANG W M,JIAQIANG E,et al. Investigation on premixed H_2/C_3H_8/air combustion in porous medium combustor for the micro thermophotovoltaic application[J]. Applied energy,2020,260:114352.

[112] YANG W M,CHOU S K,SHU C,et al. Combustion in micro-cylindrical combustors with and without a backward facing step [J]. Applied thermal engineering,2002,22(16):1777-1787.

[113] LI J,CHOU S K,HUANG G,et al. Study on premixed combustion in cylindrical micro combustors:transient flame behavior and wall heat flux [J]. Experimental thermal and fluid science,2009,33(4):764-773.

[114] DESHPANDE A A,KUMAR S. On the formation of spinning flames and combustion completeness for premixed fuel-air mixtures in stepped tube microcombustors[J]. Applied thermal engineering,2013,51(1/2):91-101.

[115] KHANDELWAL B, DESHPANDE A A, KUMAR S. Experimental studies on flame stabilization in a three step rearward facing configuration based micro channel combustor [J]. Applied thermal engineering,2013,58(1/2):363-368.

[116] LEE B J,YOO C S,IM H G. Dynamics of bluff-body-stabilized premixed hydrogen/air flames in a narrow channel[J]. Combustion and flame, 2015,162(6):2602-2609.

[117] FAN A W, WAN J L, MARUTA K, et al. Interactions between heat transfer,flow field and flame stabilization in a micro-combustor with a bluff body[J]. International journal of heat and mass transfer,2013,66:72-79.

[118] WAN J L,FAN A W,YAO H,et al. Experimental investigation and numerical analysis on the blow-off limits of premixed CH_4/air flames in a mesoscale bluff-body combustor[J]. Energy,2016,113:193-203.

[119] FAN A W,WAN J L,LIU Y,et al. Effect of bluff body shape on the blow-off limit of hydrogen/air flame in a planar micro-combustor[J]. Applied thermal engineering,2014,62(1):13-19.

[120] YAN Y F, LIU Y, LI L X, et al. Numerical comparison of H_2/air catalytic combustion characteristic of micro-combustors with a conventional,slotted or controllable slotted bluff body[J]. Energy,2019,189:116242.

[121] WAN J L,FAN A W,YAO H,et al. Flame-anchoring mechanisms of a micro cavity-combustor for premixed H_2/air flame [J]. Chemical engineering journal,2015,275:17-26.

[122] WAN J L,FAN A W,YAO H,et al. Effect of thermal conductivity of solid wall on combustion efficiency of a micro-combustor with cavities [J]. Energy conversion and management,2015,96:605-612.

[123] WAN J L,FAN A W. Effect of channel gap distance on the flame blow-off limit in mesoscale channels with cavities for premixed CH_4/air

flames[J]. Chemical engineering science,2015,132:99-107.

[124] YANG W,LI L H,FAN A W,et al. Effect of oxygen enrichment on combustion efficiency of lean $H_2/N_2/O_2$ flames in a micro cavity-combustor [J]. Chemical engineering and processing: process intensification,2018,127:50-57.

[125] MARUTA K,TAKEDA K,AHN J,et al. Extinction limits of catalytic combustion in microchannels [J]. Proceedings of the Combustion Institute,2002,29(1):957-963.

[126] PIZZA G, MANTZARAS J, FROUZAKIS C E. Flame dynamics in catalytic and non-catalytic mesoscale microreactors[J]. Catalysis today, 2010,155(1/2):123-130.

[127] CHEN G,CHAO Y,CHEN C. Enhancement of hydrogen reaction in a micro-channel by catalyst segmentation [J]. International journal of hydrogen energy,2008,33(10):2586-2595.

[128] LI Y H,CHEN G B, WU F H,et al. Effects of catalyst segmentation with cavities on combustion enhancement of blended fuels in a micro channel[J]. Combustion and flame,2012,159(4):1644-1651.

[129] LI Y H,CHEN G B, WU F H,et al. Combustion characteristics in a small-scale reactor with catalyst segmentation and cavities [J]. Proceedings of the Combustion Institute,2013,34(2):2253-2259.

[130] CHEN J J,SONG W Y,XU D G. Optimal combustor dimensions for the catalytic combustion of methane-air mixtures in micro-channels [J]. Energy conversion and management,2017,134:197-207.

[131] CHEN J J,YAN L F,SONG W Y,et al. Effect of heat and mass transfer on the combustion stability in catalytic micro-combustors[J]. Applied thermal engineering,2018,131:750-765.

[132] CHEN J J, SONG W Y, XU D G. Flame stability and heat transfer analysis of methane-air mixtures in catalytic micro-combustors [J]. Applied thermal engineering,2017,114:837-848.

[133] PAN J, LU Q B, BANI S, et al. Hetero-/homogeneous combustion characteristics of premixed hydrogen-air mixture in a planar micro-reactor with catalyst segmentation [J]. Chemical engineering science, 2017,167:327-333.

[134] LU Q B, PAN J F, YANG W M, et al. Interaction between heterogeneous and homogeneous reaction of premixed hydrogen-air mixture in a planar catalytic micro-combustor[J]. International journal of hydrogen energy,2017,42(8):5390-5399.
[135] LU Q B,GOU J,PAN J F,et al. Comparison of the effect of heat release and products from heterogeneous reaction on homogeneous combustion of H_2/O_2 mixture in the catalytic micro combustor[J]. International journal of hydrogen energy,2019,44(59):31557-31566.
[136] ZHONG B J, YANG F. Characteristics of hydrogen-assisted catalytic ignition of n-butane/air mixtures[J]. International journal of hydrogen energy,2012,37(10):8716-8723.
[137] QI W J,RAN J Y,WANG R R,et al. Kinetic consequences of methane combustion on Pd, Pt and Pd-Pt catalysts[J]. RSC advances, 2016, 6(111):109834-109845.
[138] WANG R R, RAN J Y, DU X S, et al. The influence of slight protuberances in a micro-tube reactor on methane/moist air catalytic combustion[J]. Energies,2016,9(6):421.
[139] ZHOU J H,WANG Y,YANG W J,et al. Combustion of hydrogen-air in catalytic micro-combustors made of different material[J]. International journal of hydrogen energy,2009,34(8):3535-3545.
[140] DENG C, YANG W J, ZHOU J H, et al. Catalytic combustion of methane,methanol,and ethanol in microscale combustors with Pt/ZSM-5 packed beds[J]. Fuel,2015,150:339-346.
[141] YANG W J, DENG C, ZHOU J H, et al. Mesoscale combustion of ethanol and dimethyl ether over Pt/ZSM-5: differences in combustion characteristics and catalyst deactivation[J]. Fuel,2016,165:1-9.
[142] WANG Y F, YANG W J, ZHOU J H, et al. Heterogeneous reaction characteristics and their effects on homogeneous combustion of methane/air mixture in micro channels I. Thermal analysis[J]. Fuel, 2018,234:20-29.
[143] WANG Y F, YANG W J, ZHOU J H, et al. Heterogeneous reaction characteristics and its effects on homogeneous combustion of methane/air mixture in microchannels II. Chemical analysis[J]. Fuel, 2019, 235:

923-932.

[144] YEDALA N, RAGHU A K, KAISARE N S. A 3D CFD study of homogeneous-catalytic combustion of hydrogen in a spiral microreactor [J]. Combustion and flame,2019,206:441-450.

[145] OMAIR Z,SCRANTON G,PAZOS-OUTÓN L M,et al. Ultraefficient thermophotovoltaic power conversion by band-edge spectral filtering[J]. Proceedings of the National Academy of Sciences of the United States of America,2019,116(31):15356-15361.

[146] CHOU S K,YANG W M,LI J,et al. Porous media combustion for micro thermophotovoltaic system applications [J]. Applied energy, 2010, 87(9):2862-2867.

[147] YANG W M,CHOU S K,CHUA K J,et al. Research on modular micro combustor-radiator with and without porous media [J]. Chemical engineering journal,2011,168(2):799-802.

[148] KANG X, VEERARAGAVAN A. Experimental demonstration of a novel approach to increase power conversion potential of a hydrocarbon fuelled,portable,thermophotovoltaic system[J]. Energy conversion and management,2017,133:127-137.

[149] LI J,LI Q Q,WANG Y T,et al. Fundamental flame characteristics of premixed H_2-air combustion in a planar porous micro-combustor[J]. Chemical engineering journal,2016,283:1187-1196.

[150] PENG Q G, YANG W M, JIAQIANG E, et al. Experimental investigation on premixed hydrogen/air combustion in varied size combustors inserted with porous medium for thermophotovoltaic system applications[J]. Energy conversion and management,2019,200:112086.

[151] QIAN P,LIU M H,LI X L,et al. Effects of bluff-body on the thermal performance of micro thermophotovoltaic system based on porous media combustion[J]. Applied thermal engineering,2020,174:115281.

[152] PAN J F,ZHU J,LIU Q S,et al. Effect of micro-pin-fin arrays on the heat transfer and combustion characteristics in the micro-combustor[J]. International journal of hydrogen energy,2017,42(36):23207-23217.

[153] LI H J,CHEN Y R,YAN Y F,et al. Numerical study on heat transfer enhanced in a microcombustor with staggered cylindrical array for micro-

thermophotovoltaic system[J]. Journal of energy resources technology, 2018,140(11):112204.

[154] HE Z Q, YAN Y F, XU F L, et al. Combustion characteristics and thermal enhancement of premixed hydrogen/air in micro combustor with pin fin arrays[J]. International journal of hydrogen energy,2020,45(7):5014-5027.

[155] ZUO W,E J Q,LIU H L,et al. Numerical investigations on an improved micro-cylindrical combustor with rectangular rib for enhancing heat transfer[J]. Applied energy,2016,184:77-87.

[156] NI S L, ZHAO D, SUN Y Z, et al. Numerical and entropy studies of hydrogen-fuelled micro-combustors with different geometric shaped ribs [J]. International journal of hydrogen energy,2019,44(14):7692-7705.

[157] ANSARI M, AMANI E. Micro-combustor performance enhancement using a novel combined baffle-bluff configuration [J]. Chemical engineering science,2018,175:243-256.

[158] AMANI E, DANESHGAR A, HEMMATZADE A. A novel combined baffle-cavity micro-combustor configuration for micro-thermo-photo-voltaic applications[J]. Chinese journal of chemical engineering, 2020, 28(2):403-413.

[159] JIANG D Y, YANG W M, CHUA K J, et al. Thermal performance of micro-combustors with baffles for thermophotovoltaic system [J]. Applied thermal engineering,2013,61(2):670-677.

[160] TANG A K, PAN J F, YANG W M, et al. Numerical study of premixed hydrogen/air combustion in a micro planar combustor with parallel separating plates[J]. International journal of hydrogen energy, 2015, 40(5):2396-2403.

[161] YANG W M, JIANG D Y, KENNY C K Y, et al. Combustion process and entropy generation in a novel microcombustor with a block insert [J]. Chemical engineering journal,2015,274:231-237.

[162] TANG A K, DENG J, XU Y M, et al. Experimental and numerical study of premixed propane/air combustion in the micro-planar combustor with a cross-plate insert[J]. Applied thermal engineering,2018,136:177-184.

[163] NADIMI E, JAFARMADAR S. The numerical study of the energy and

exergy efficiencies of the micro-combustor by the internal micro-fin for thermophotovoltaic systems[J]. Journal of cleaner production, 2019, 235:394-403.

[164] LEE K H,KWON O C. Studies on a heat-recirculating microemitter for a micro thermophotovoltaic system [J]. Combustion and flame, 2008, 153(1/2):161-172.

[165] PARK J H, SO J S, MOON H J, et al. Measured and predicted performance of a micro-thermophotovoltaic device with a heat-recirculating micro-emitter[J]. International journal of heat and mass transfer,2011,54(5/6):1046-1054.

[166] YANG W M, CHUA K J, PAN J F, et al. Development of micro-thermophotovoltaic power generator with heat recuperation [J]. Energyconversion and management,2014,78:81-87.

[167] JIANG D Y,YANG W M,TANG A. Development of a high-temperature and high-uniformity micro planar combustor for thermophotovoltaics application[J]. Energy conversion and management,2015,103:359-365.

[168] FONTANA É,CAPELETTO C A,SANTOS V G S,et al. Numerical analysis of heat recuperation in micro-combustors using internal recirculation[J]. Chemical engineering science,2020,211:115301.

[169] ZUO W,E J Q,PENG Q G,et al. Numerical investigations on thermal performance of a micro-cylindrical combustor with gradually reduced wall thickness[J]. Applied thermal engineering,2017,113:1011-1020.

[170] AKHTAR S, KURNIA J C, SHAMIM T. A three-dimensional computational model of H_2-air premixed combustion in non-circular micro-channels for a thermo-photovoltaic (TPV) application[J]. Applied energy,2015,152:47-57.

[171] AKHTAR S,KHAN M N,KURNIA J C,et al. Investigation of energy conversion and flame stability in a curved micro-combustor for thermo-photovoltaic (TPV) applications[J]. Appliedenergy,2017,192:134-145.

[172] SU Y, CHENG Q, SONG JL, et al. Numerical study on a multiple-channel micro combustor for a micro-thermophotovoltaic system [J]. Energy conversion and management,2016,120:197-205.

[173] ZUO W, E J Q, LIN R, et al. Numerical investigations on different

configurations of a four-channel meso-scale planar combustor fueled by hydrogen/air mixture[J]. Energy conversion and management, 2018, 160:1-13.

[174] MANSOURI Z. Combustion in wavy micro-channels for thermo-photovoltaic applications: part I: effects of wavy wall geometry, wall temperature profile and reaction mechanism[J]. Energy conversion and management, 2019, 198:111155.

[175] ALIPOOR A, SAIDI M H. Numerical study of hydrogen-air combustion characteristics in a novel micro-thermophotovoltaic power generator[J]. Applied energy, 2017, 199:382-399.

[176] SU Y, SONG J L, CHAI J L, et al. Numerical investigation of a novel micro combustor with double-cavity for micro-thermophotovoltaic system[J]. Energy conversion and management, 2015, 106:173-180.

[177] PENG Q G, WU Y F, E J Q, et al. Combustion characteristics and thermal performance of premixed hydrogen-air in a two-rearward-step micro tube[J]. Applied energy, 2019, 242:424-438.

[178] NI S L, ZHAO D, BECKER S, et al. Thermodynamics and entropy generation studies of a T-shaped micro-combustor: effects of porous medium and ring-shaped ribs[J]. Applied thermal engineering, 2020, 175:115374.

[179] YANG W M, CHOU S K, SHU C, et al. Study of catalytic combustion and its effect on microthermophotovoltaic power generators[J]. Journal of physics D: applied physics, 2005, 38(23):4252-4255.

[180] LI Y H, CHEN G B, CHENG T S, et al. Combustion characteristics of a small-scale combustor with a percolated platinum emitter tube for thermophotovoltaics[J]. Energy, 2013, 61:150-157.

[181] LI Y H, HONG J R. Performance assessment of catalytic combustion-driven thermophotovoltaic platinum tubular reactor[J]. Applied energy, 2018, 211:843-853.

[182] ZHANG Y, PAN J F, ZHU Y J, et al. The effect of embedded high thermal conductivity material on combustion performance of catalytic micro combustor[J]. Energy conversion and management, 2018, 174:730-738.

[183] LI L H, YANG G Y, FAN A W. Non-premixed combustion characteristics and thermal performance of a catalytic combustor for micro-thermophotovoltaic systems[J]. Energy,2021,214:118893.

[184] TANG A K,XU Y M,PAN J F,et al. Combustion characteristics and performance evaluation of premixed methane/air with hydrogen addition in a micro-planar combustor[J]. Chemical engineering science, 2015, 131:235-242.

[185] TANG A K, DENG J, CAI T, et al. Combustion characteristics of premixed propane/hydrogen/air in the micro-planar combustor with different channel-heights[J]. Applied energy,2017,203:635-642.

[186] AMANI E, ALIZADEH P, MOGHADAM R S. Micro-combustor performance enhancement by hydrogen addition in a combined baffle-bluff configuration[J]. International journal of hydrogen energy,2018, 43(16):8127-8138.

[187] JIANG D Y,YANG W M,CHUA K J,et al. Effects of H_2/CO blend ratio on radiated power of micro combustor/emitter[J]. Applied thermal engineering,2015,86:178-186.

[188] CAI T, ZHAO D. Effects of fuel composition and wall thermal conductivity on thermal and NO_x emission performances of an ammonia/hydrogen-oxygen micro-power system[J]. Fuel processing technology, 2020,209:106527.

[189] LAW C K. Combustionphysics[M]. New York: Cambridge University Press,2006

[190] SHIH T H,LIOU W W,SHABBIR A,et al. A new k-ε eddy viscosity model for high reynolds number turbulent flows[J]. Computers & fluids,1995,24(3):227-238.

[191] MICHAEL J V,SU M C,SUTHERLAND J W,et al. Rate constants for $H+O_2+M \rightarrow HO_2+M$ in seven bath gases[J]. The journal of physical chemistry A,2002,106(21):5297-5313.

[192] LI J,ZHAO Z W,KAZAKOV A,et al. An updated comprehensive kinetic model of hydrogen combustion[J]. International journal of chemical kinetics,2004,36(10):566-575.

[193] MAGNUSSEN B. On the structure of turbulence and a generalized eddy

dissipation concept for chemical reaction in turbulent flow[C]//19th Aerospace Sciences Meeting, January 12-15, 1981, St. Louis, MO, USA. Reston, Virginia: AIAA, 1981.

[194] GRAN I R, MAGNUSSEN B F. A numerical study of a bluff-body stabilized diffusion flame. Part 2. Influence of combustion modeling and finite-rate chemistry[J]. Combustion science and technology, 1996, 119 (1/2/3/4/5/6): 191-217.

[195] 谈和平. 红外辐射特性与传输的数值计算：计算热辐射学[M]. 哈尔滨：哈尔滨工业大学出版社，2006.

[196] CENGEL Y, BOLES M. Thermodynamics: an engineering approach[M]. 8th ed. New York: McGraw-Hill Education, 2014.

[197] SHAN S Q, QIAN B, ZHOU Z J, et al. New pressurized WSGG model and the effect of pressure on the radiation heat transfer of H_2O/CO_2 gas mixtures[J]. International journal of heat and mass transfer, 2018, 121: 999-1010.

[198] SHAN S Q, ZHOU Z J, CHEN L P, et al. New weighted-sum-of-gray-gases model for typical pressurized oxy-fuel conditions[J]. International journal of energy research, 2017, 41(15): 2576-2595.

[199] GUO J J, LI X Y, HUANG X H, et al. A full spectrum *k*-distribution based weighted-sum-of-gray-gases model for oxy-fuel combustion[J]. International journal of heat and mass transfer, 2015, 90: 218-226.

[200] CASSOL F, BRITTES R, FRANÇA F H R, et al. Application of the weighted-sum-of-gray-gases model for media composed of arbitrary concentrations of H_2O, CO_2 and soot[J]. International journal of heat and mass transfer, 2014, 79: 796-806.

[201] BORDBAR M H, WĘCEL G, HYPPÄNEN T. A line by line based weighted sum of gray gases model for inhomogeneous CO_2-H_2O mixture in oxy-fired combustion[J]. Combustion and flame, 2014, 161(9): 2435-2445.

[202] KRISHNAMOORTHY G. A new weighted-sum-of-gray-gases model for oxy-combustion scenarios[J]. International journal of energy research, 2013, 37(14): 1752-1763.

[203] YIN C G. Refined weighted sum of gray gases model for air-fuel

combustion and its impacts [J]. Energy & fuels, 2013, 27 (10): 6287-6294.

[204] DORIGON L J, DUCIAK G, BRITTES R, et al. WSGG correlations based on HITEMP 2010 for computation of thermal radiation in non-isothermal, non-homogeneous H_2O/CO_2 mixtures [J]. International journal of heat and mass transfer,2013,64:863-873.

[205] KANGWANPONGPAN T,FRANÇA F H R,CORRÊA DA SILVA R, et al. New correlations for the weighted-sum-of-gray-gases model in oxy-fuel conditions based on HITEMP 2010 database [J]. International journal of heat and mass transfer,2012,55(25/26):7419-7433.

[206] JOHANSSON R, LECKNER B, ANDERSSON K, et al. Account for variations in the H_2O to CO_2 molar ratio when modelling gaseous radiative heat transfer with the weighted-sum-of-grey-gases model[J]. Combustion and flame,2011,158(5):893-901.

[207] YIN C G,JOHANSEN L C R,ROSENDAHL L A,et al. New weighted sum of gray gases model applicable to computational fluid dynamics (CFD) modeling of oxy-fuel combustion: derivation, validation, and implementation[J]. Energy & fuels,2010,24(12):6275-6282.

[208] JOHANSSON R, ANDERSSON K, LECKNER B, et al. Models for gaseous radiative heat transfer applied to oxy-fuel conditions in boilers [J]. International journal of heat and mass transfer, 2010, 53(1/2/3): 220-230.

[209] KRISHNAMOORTHY G. A new weighted-sum-of-gray-gases model for CO_2-H_2O gas mixtures[J]. International communications in heat and mass transfer,2010,37(9):1182-1186.

[210] HOTTEL H C, SAROFIM A F. Radiative transfer[M]. New York: McGraw-Hill,1967.

[211] SIEGEL R,HOWELL J R. Thermal radiation heat transfer[M]. 3rd ed. [S. l.]:Hemisphere,1992.

[212] CENTENO F R,BRITTES R,RODRIGUES L G P,et al. Evaluation of the WSGG model against line-by-line calculation of thermal radiation in a non-gray sooting medium representing an axisymmetric laminar jet flame [J]. International journal of heat and mass transfer, 2018,

124:475-483.

[213] SMITH T F,SHEN Z F,FRIEDMAN J N. Evaluation of coefficients for the weighted sum of gray gases model[J]. Journal of heat transfer,1982, 104(4):602-608.

[214] CENTENO F R,DA SILVA C V,FRANÇA F H R. The influence of gas radiation on the thermal behavior of a 2D axisymmetric turbulent non-premixed methane-air flame[J]. Energy conversion and management, 2014,79:405-414.

[215] DA SILVA C V,DEON D L,CENTENO F R,et al. Assessment of combustion models for numerical simulations of a turbulent non-premixed natural gas flame inside a cylindrical chamber[J]. Combustion science and technology,2018,190(9):1528-1556.

[216] GARRÉTON D,SIMONIN O. Aerodynamics of steady state combustion chambers and furnaces[C]//ASCF Ercoftac CFD Workshop,October 17-18,1994, Chatou,France. [S. l. :s. n.],1994.

[217] WAN J L,YANG W,FAN A W,et al. A numerical investigation on combustion characteristics of H_2/air mixture in a micro-combustor with wall cavities[J]. International journal of hydrogen energy,2014,39(15): 8138-8146.

[218] APPEL C, MANTZARAS J, SCHAEREN R, et al. Turbulent catalytically stabilized combustion of hydrogen/air mixtures in entry channel flows[J]. Combustion and flame,2005,140(1/2):70-92.

[219] 万建龙.微细通道中多种效应的耦合作用对火焰稳定性的影响[D].武汉:华中科技大学,2016.

[220] BERGMAN T L,LAVINE A S,INCROPERA F P,et al. Fundamentals of heat and mass transfer[M]. 7th ed. New York: John Wiley & Sons,2011.

[221] STÖHR M,BOXX I,CARTER C,et al. Dynamics of lean blowout of a swirl-stabilized flame in a gas turbine model combustor[J]. Proceedings of the Combustion Institute,2011,33(2):2953-2960.

[222] KATTA V,ROQUEMORE W M. C/H atom ratio in recirculation-zone-supported premixed and nonpremixed flames[J]. Proceedings of the Combustion Institute,2013,34(1):1101-1108.

[223] KEDIA K S,GHONIEM A F. The anchoring mechanism of a bluff-body stabilized laminar premixed flame[J]. Combustion and flame,2014,161(9):2327-2339.

[224] NORTON D G,VLACHOS D G. Combustion characteristics and flame stability at the microscale: a CFD study of premixed methane/air mixtures[J]. Chemical engineering science,2003,58(21):4871-4882.

[225] WAN J L,FAN A W,YAO H. Effect of the length of a plate flame holder on flame blowout limit in a micro-combustor with preheating channels[J]. Combustion and flame,2016,170:53-62.

[226] MA L, XU H, WANG X T, et al. A novel flame-anchorage micro-combustor: effects of flame holder shape and height on premixed CH_4/air flame blow-off limit [J]. Applied thermal engineering, 2019, 158:113836.